爱上做点心

彭依莎 主编

U0350266

北京出版集团公司
北京美术摄影出版社

图书在版编目（CIP）数据

爱上做点心 / 彭依莎主编. — 北京：北京美术摄影出版社，2019.12
ISBN 978-7-5592-0322-9

Ⅰ. ①爱… Ⅱ. ①彭… Ⅲ. ①糕点 — 制作 Ⅳ. ①TS213.23

中国版本图书馆 CIP 数据核字 (2019) 第 262269 号

总 策 划：深圳市金版文化发展股份有限公司
责任编辑：董维东
执行编辑：刘舒甜
责任印制：彭军芳

爱上做点心
AISHANG ZUO DIANXIN

彭依莎　主编

出　　版　北京出版集团公司
　　　　　北京美术摄影出版社
地　　址　北京北三环中路 6 号
邮　　编　100120
网　　址　www.bph.com.cn
总发行　北京出版集团公司
发　　行　京版北美（北京）文化艺术传媒有限公司
经　　销　新华书店
印　　刷　天津图文方嘉印刷有限公司
版印次　2019 年 12 月第 1 版第 1 次印刷
开　　本　787 毫米×1092 毫米　1/16
印　　张　10
字　　数　80 千字
书　　号　ISBN 978-7-5592-0322-9
定　　价　39.80 元

如有印装质量问题，由本社负责调换
质量监督电话　010-58572393

目录

第三章
冷藏点心：慕斯、布丁、糖果

第四章
冷冻速成点心：派、挞、酥皮

第五章
用其他工具做出的美味点心

第一章

手工点心基础

点心甜蜜松软，
既可以当作零食，也可以当作主食，
让人爱不释口。
想要做好美味点心，
你需要知道这些！

基础制作工具

电动搅拌器

电动搅拌器包含一个电机身，还配有打蛋头和搅面棒两种搅拌头。电动搅拌器可以使搅拌的工作变得更加快捷，使食材拌得更加均匀。

手动搅拌器

手动搅拌器是烘焙时必不可少的工具之一，可以打发蛋白、黄油等，用来制作一些简易小蛋糕，但使用时较费时费力。

长柄刮刀

长柄刮刀是一种长柄软质工具，主要用于将各种材料拌匀，便于将食材和面糊刮取干净，是西点制作中不可缺少的利器。

擀面杖

擀面杖是一种用来压制面条、面皮的工具，多为木制。一般长而大的擀面杖用来擀面条，短而小的擀面杖用来擀饼干皮等。

面粉筛

面粉筛一般由不锈钢制成，是用来过滤面粉和其他粉类的烘焙工具。面粉筛底部呈漏网状，可以用于过滤面粉中颗粒不均的粉类，使烘焙的成品口感更加细腻。

裱花袋

裱花袋是用于装饰蛋糕和面包的工具，一般为透明的胶质。将制好的烘焙材料装入其中，在其尖端剪下一角，就能够挤出所需用量、形状的烘焙材料。

裱花嘴

裱花嘴需配合裱花袋使用，可以将打发的奶油、各种酱挤成需要的形状。

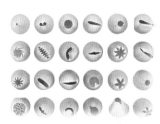

电子秤

电子秤，又叫电子计量秤，在西点制作中用来称量各种粉类（如面粉、抹茶粉等）、细砂糖等需要准确称量的食材。

量匙

量匙是在烘焙时用于精确计量配料克数的工具。量匙的规格大同小异，通常是塑料材质或不锈钢材质的带柄浅勺，有6个一组的，也有5个一组的。

油纸

油纸的用途和铝箔纸、烘焙垫等相同，可以将食材与烤盘或模具隔离，以免烘烤后食材粘在烤盘或模具上面不易清洗。

黄油的准备工作

黄油的使用状态

1. **冰无盐黄油**：质地坚硬，呈浅黄色，是刚从冰箱中拿出的状态。冻硬的无盐黄油是无法打发的，需要先将其放在室温中软化。酥皮的制作需要冰无盐黄油。

2. **室温软化的无盐黄油**：通常来说，要确定无盐黄油软化的程度，只需用手指轻轻地在无盐黄油上戳一下，如果可以不费力地戳出一个指印，即是合适的软化程度。

3. **液态的无盐黄油**：有时会用到液体状态的无盐黄油，有两种解冻方法：一是将无盐黄油隔水加热至熔化；二是将无盐黄油放入微波炉中，高火加热30秒。

打发黄油

1. 在室温软化的无盐黄油中加入如糖粉、糖霜、细砂糖、糖浆等糖类。

2. 用电动搅拌器搅打至蓬松，颜色稍微变白。

> ◎ 美味笔记
>
> 过硬的无盐黄油打发后会变成蛋花状，影响口感。

鸡蛋的不同打发方法

蛋白的打发技巧

　　将蛋白打发至硬性发泡的状态，即将蛋白及糖类倒入搅拌盆中，用电动搅拌器快速打发，至提起搅拌器头可以拉出鹰嘴状蛋白液为止。

　　需要注意的是，此操作过程中所用的容器和搅拌器必须无水、无油，且要加入糖类，否则可能出现无法打发、持续呈现液体状态的情况。初学者可以加些许柠檬汁，以提高成功率。

全蛋的打发技巧

　　因为蛋黄含有脂肪，所以全蛋较难打发。在打发时，可隔水加热，将温度控制在38℃左右，若超过60℃，则可能将蛋液煮熟。全蛋中加入细砂糖后，用电动搅拌器快速搅拌至蛋液纹路明显、富有光泽即可。

蛋黄的打发技巧

　　蛋黄在烘焙中的使用通常是将其打散即可，如需打发，和全蛋打发技巧相同。如果打发时加入适量植物油，就可使蛋黄乳化，可以制成蛋黄酱。

冰箱常备面团

酥皮的制作

材料：高筋面粉250克，细砂糖30克，奶粉8克，无盐黄油25克，无盐黄油（冷藏）125克，盐5克，全蛋液20克，酵母粉3克

做法：

1. 将酵母粉与130毫升清水搅拌均匀，分次倒入其余材料（冷藏的无盐黄油除外），翻拌成无干粉的面团，往前揉扯、拉长，再往回卷起，需重复多次，搓圆压扁，折起压平，揉匀后用保鲜膜包好，放入冰箱冷藏约4个小时。

2. 往操作台上撒上少许高筋面粉，放上无盐黄油，再撒上少许高筋面粉，擀成边长约为20厘米的正方形块。

3. 取出面团，撕开保鲜膜，将面团擀成边长约为25厘米的正方形面皮，放上无盐黄油，四个角对准面皮四边的中点，再将面皮的四角拉到无盐黄油的中间，用手指压紧封口，撒上少许高筋面粉，用擀面杖将其擀成长方形。

4. 将长方形面皮上方及下方的三分之一往中间折，再用擀面杖轻压，使面皮贴紧，制成黄油面团，用保鲜膜包裹，放入冰箱冷藏约15分钟。取出后再重复两次折叠、擀平的步骤，即为酥皮。

多余面团的保存

多余的面团可以放在冰箱的冷藏或冷冻室中保存。比较湿软的面团只能放在冷藏室中保存1~2天，取出后需要用橡皮刮刀搅拌均匀后再使用；较为干燥的面团可以放在冷冻室中保存5~7天，取出后需要回温才能进行切片或者压模操作。

基础挞派皮面团的制作

材料： 低筋面粉85克，高筋面粉36克，无盐黄油55克，白油36克，细砂糖6克，盐3克，苏打粉0.2克

做法：

1. 将36毫升冰水、盐、细砂糖倒入大玻璃碗中，用手动搅拌器搅拌均匀，制成冰糖水。

2. 将高筋面粉、低筋面粉和苏打粉过筛至铺有烘焙垫的操作台上，放上室温软化的无盐黄油和白油，用刮板翻拌均匀，再用手揉匀。

3. 开窝，倒入拌匀的冰糖水，和匀，揉搓成光滑的面团，用保鲜膜包裹住面团，放入冰箱冷藏即可。

咸酥皮面团的制作

材料： 低筋面粉200克，无盐黄油120克，盐4克

做法：

1. 将低筋面粉、盐、室温软化的无盐黄油倒入大玻璃碗中。

2. 用手揉搓成块。

3. 倒入40毫升清水，用手揉搓均匀成无干粉的面团，即为咸酥皮面团，放入冰箱冷藏即可。

制作常备果酱

材料：

草莓300克，细砂糖15克，柠檬汁适量

做法：

1. 草莓洗净去蒂，切块备用。

2. 锅中注入适量清水，大火烧开。

3. 放入草莓块，撒上细砂糖、柠檬汁。

4. 转小火熬煮、按压20分钟至熟，关火，冷却后装入消毒过的瓶中，放入冰箱冷藏即可。

坚果处理过更美味

烤杏仁片

杏仁片是烘焙中常用的坚果，一般用来点缀面包或甜点，烤制过的杏仁片味道会更加焦香酥脆。先将杏仁片铺在烤盘上，以上、下火 160℃ 烤 15 分钟即可。

挂霜坚果

坚果和蜜糖是很好的搭档，既可以当作零食，又可以给点心做点缀。将 100 克坚果仁中火炒至上色，盛出。再将 25 克细砂糖和 10 毫升清水倒入锅中，煮至熔化，倒入炒好的坚果仁炒匀，直至坚果表面裹上一层白霜即可。

坚果的保存

坚果一定要放在干燥的环境里，以免受潮，放在通风好的地方则更好。注意用塑料袋等将其包扎好再保存。

稳妥的保存方式是将坚果放在密闭容器里。相比塑料瓶子，玻璃瓶要好一些，玻璃性质稳定，不会挥发有害物质，但要保证瓶子干燥、干净后再放入坚果。

如果要储存的坚果比较多，那就适当地使用干燥剂，这样存放坚果的效果最好。注意，干燥剂不可食用，特别是不能让小孩拿到，以免误食。

点心的正确分切与储存

锯齿刀

　　锯齿刀是切蛋糕的时候运用得最
为广泛的刀具，像戚风蛋糕、海绵蛋
糕等都是用它切块的。由于烤制后的
蛋糕具有松软的组织，如果用普通的
小刀来切的话，不小心就会把蛋糕压
扁，破坏其外观。而锯齿刀则不会，
采用"锯"的方式使蛋糕受力均匀，
可以轻松切出好看的蛋糕块。

　　除了蛋糕以外，锯齿刀也可用来
切面包，特别是给吐司切片。需要注
意的是，刚烘烤出来的吐司过于柔软，切起片来很不容易，若是放凉两三小时后再
处理，则会简单许多。

多用刀

　　所谓的多用刀，就是家里必备的
刀具，普通常见却有着多种用途。像
奶酪蛋糕和慕斯蛋糕这类组织细密的
蛋糕，比较厚实，没有普通的蛋糕那
么蓬松，就可以使用多用刀切块。不
过这种刀具沾刀的问题很严重，一刀
下去，切面通常不忍直视。

　　为了避免出现这种情况，我们在切
的时候，应事先把刀放在火上烤一烤，
等刀面变烫后趁热切下去，蛋糕就不会沾在刀上了。每切一次，都要及时把刀面擦
拭干净，重新烤热再切下一刀，这样就能切出整齐的蛋糕块了。也可以将刀具浸泡
在热水中，原理与上述方法相同。加热过的刀具同样适用于切面包片，这样不易掉渣，
切面也好看。

干式点心

干式点心有酥、饼等，在储存上与湿式点心有所不同。

以饼干为例，其出炉放凉后才会变得酥香松脆，如果未等其变凉就收纳，就会产生水汽使其受潮。所以要完全放凉后才可将它放入密封罐、密封盒或密封袋中，这样就可保存2~3周。若回软，也不用担心，只要再放回烤箱，低温烘烤即可。

相较于湿式点心，干式点心在存放时间上具有较大的优势，且口感亦能得到较好的保持。

湿式点心

湿式点心如蛋糕、泡芙等，这类西点在防止细菌繁殖的问题上，应慎之又慎。因为它们在常温下容易变质，尤其是夏季，温度的升高加速了细菌的繁殖，所以最好在冷藏的条件下保存，一般于2~3天内食用完为佳。

若是西点在制作时添加了水果或奶酪，则在当天食用最佳。

面包的存放则有所不同，为了防止淀粉老化影响口感，应将面包放入冷冻室储藏，等到要吃的时候，在微波炉加热一两分钟，面包就会恢复松软，就像刚烤出来的一样。

与干式点心相比，湿式点心的储存时间不宜过长，否则对点心的口感和营养会有很大的影响。

自制点心包装盒

长条纸盒

　　将图片上的纸盒模等比例在纸上拓下，沿实线剪下，再按虚线内折，黑色部分涂胶水黏合，组装好即可。

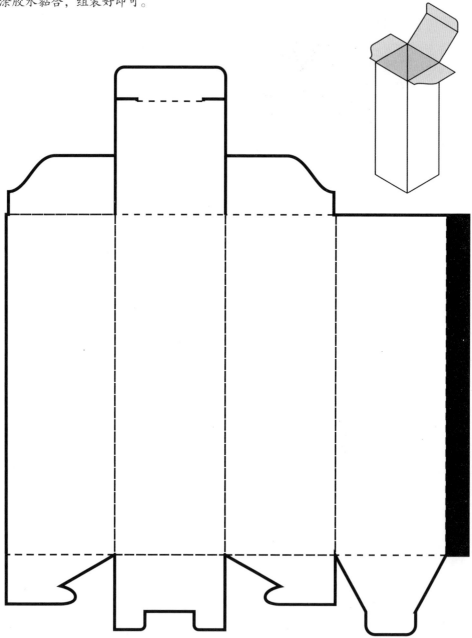

爱心纸盒

　　将图片上的纸盒模等比例在纸上拓下，沿实线剪下，再按虚线内折，将爱心旁实线剪开的位置卡在一起，一个爱心纸盒就做好了。

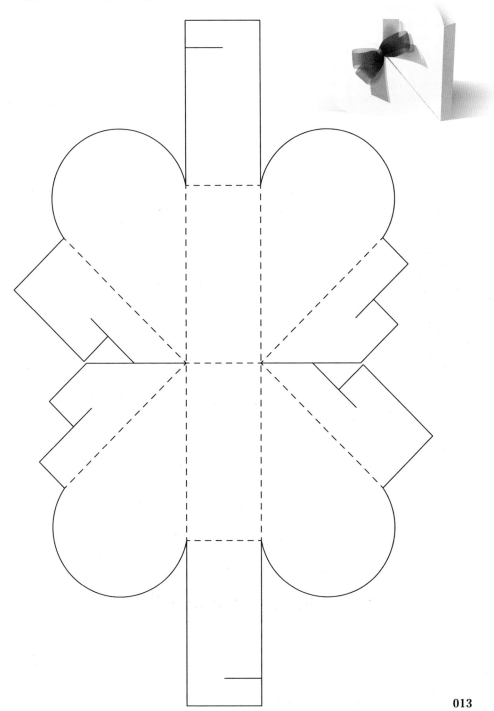

第二章

现烤点心:
饼干、蛋糕、面包

烤箱使用方便,
是能将面团变成精美点心的神奇机器。
烘焙做出的点心外观美丽,
更兼具味道与口感。
现在是烤箱大展身手的时刻,
让我们一起动手吧!

蔓越莓曲奇

材料

无盐黄油 125 克

糖粉 60 克

盐 1 克

蛋黄 20 克

低筋面粉 170 克

蔓越莓干 25 克

成品数量

24 个

制作流程

1 将室温软化的无盐黄油和糖粉放入搅拌盆中，用橡皮刮刀搅拌均匀。

2 倒入蛋黄（打散）继续搅拌，至蛋黄与无盐黄油完全融合，再加入盐、蔓越莓干，搅拌均匀，筛入低筋面粉，用橡皮刮刀搅拌均匀成面团。

3 取出面团放在干净的操作台上，用手轻轻揉成光滑的面团。

4 再将面团揉搓成圆柱体，用油纸包好，放入冰箱冷冻约30分钟。

5 取出面团，用刀将其切成厚度约4.5毫米的饼干坯，放在烤盘上。

6 烤箱预热至175℃，将烤盘置于烤箱中层，烘烤15分钟即可。

◎ 美味笔记

注意，揉面团的时候不要过度，不然易出油。

奶香桃酥

材料

无盐黄油 38 克

砂糖 27 克

小苏打粉 0.5 克

全蛋液 5 克

低筋面粉 42 克

奶粉 7 克

海绵蛋糕碎 25 克

核桃碎 20 克

泡打粉 2 克

蛋黄液少许

成品数量

8 个

制作流程

1 将室温软化的无盐黄油倒入搅拌盆中，再倒入砂糖、泡打粉，用电动搅拌器搅打至材料混合均匀。

2 分两次加入全蛋液，边倒边搅打，放入核桃碎、海绵蛋糕碎。

3 将小苏打粉、低筋面粉、奶粉过筛至搅拌盆里，以软刮刀翻拌至无干粉状态，用手揉搓成面团。

4 取出面团放在操作台上，继续揉搓成长条状，分切成数个大小一致的块，再搓成圆面团。

5 取烤盘，铺上油纸，将圆面团沾裹上一层蛋黄液后摆在油纸上。

6 移入已预热至170℃的烤箱中层，烤约15分钟至熟后取出即可。

美式巧克力豆饼干

材料

无盐黄油 120 克

糖粉 15 克

细砂糖 35 克

低筋面粉 170 克

杏仁粉 50 克

可可粉 30 克

盐 1 克

全蛋 1 个

巧克力豆适量

成品数量

28 个

制作流程

1 在室温软化的无盐黄油中加入盐、糖粉，用电动搅拌器搅拌均匀。

2 分两次加入细砂糖混合均匀，搅拌至无颗粒状态。

3 分两次加入全蛋，搅拌均匀。

4 低筋面粉加杏仁粉、可可粉混合过筛，分两次加入到全蛋液中搅拌混合均匀，至无干粉状态。

5 倒入巧克力豆拌匀，揉和成面团，成形即可，不要过度搅拌。

6 在烤盘中铺上锡纸，把面团平均分成约17克重的小团。

7 把小面团搓圆，放在烤盘上，用手掌稍微压平。

8 将烤盘放入烤箱中，以上、下火170℃烘烤20分钟即可。

◎ 美味笔记

分次加入材料并拌匀有助于食材混合得更加均匀。

玻璃糖饼干

材料

无盐黄油 65 克

细砂糖 60 克

盐 0.5 克

全蛋液 25 克

香草精 3 克

低筋面粉 135 克

杏仁粉 25 克

水果硬糖适量

成品数量

5 个

制作流程

1 将室温软化的无盐黄油、细砂糖和盐拌匀。

2 分两次倒入全蛋液搅拌均匀，再加入香草精搅拌均匀。

3 筛入低筋面粉和杏仁粉搅拌均匀，再揉成光滑的面团，擀成约3毫米厚的饼干面皮。

4 用模具在面皮上裁切出10个花形饼干坯，再在其中5个花形饼干坯中间抠掉一个小圆形。

5 将两种饼干坯叠起放入铺好油纸的烤盘中。

6 将水果硬糖敲碎，放入饼干坯镂空处。

7 将烤盘放进以上、下火180℃预热好的烤箱，烘烤约10分钟即可。

柠檬蛋白饼

材料

蛋白饼：

蛋白 100 克

砂糖 150 克

绿色糖粉少许

柠檬馅：

牛奶 150 毫升

砂糖 45 克

蛋黄 2 个

无盐黄油 8 克

柠檬汁 22 毫升

玉米淀粉 6 克

乳酪饼：

低筋面粉 65 克

泡打粉 2.5 克

盐 7 克

无盐黄油 5 克

奶油奶酪 50 克

牛奶 5 毫升

肉桂粉少许

装饰：

白巧克力少许

蔓越莓干少许

打发的淡奶油少许

成品数量

3 个

制作流程

  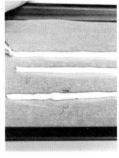 

1 将蛋白倒入碗中，分三次倒入150克砂糖，用电动搅拌器搅打至发白且能拉起的状态，装入套有裱花嘴的裱花袋里。

2 将烤盘翻面，把打发的蛋白挤成碗状，移入预热至100℃的烤箱，烤2个小时取出，开口蘸一圈绿色糖粉，即为网状蛋白饼。

3 将剩余的打发蛋白在铺有油纸的烤盘上挤成长条状，移入已预热至100℃的烤箱，烤2个小时取出，即成长条蛋白饼。

4 将蛋黄倒入大玻璃碗中，倒入柠檬汁，搅打均匀，再倒入45克砂糖和150毫升牛奶，继续搅拌均匀。

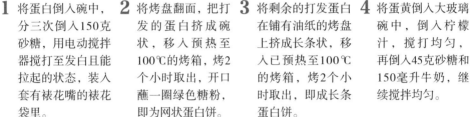

5 将混合物倒入平底锅中，边搅拌边加热至沸腾，筛入玉米淀粉，搅拌成糊状，倒入另一个碗中，加8克无盐黄油拌匀，即成柠檬馅。

6 将室温软化的奶油奶酪、5克无盐黄油、5毫升牛奶搅打均匀，筛入低筋面粉、泡打粉、盐和肉桂粉拌匀，揉成面团。

7 把面团冷藏20分钟后取出，打开保鲜膜，用擀面杖将面团擀成厚度约为0.2厘米的面皮，再用模具压出饼干坯。

8 取烤盘，铺上油纸，放上饼干坯，移入已预热至170℃的烤箱中层，烤约12分钟后取出。

9 将白巧克力放入隔水加热锅，隔热水加热至熔化，在蛋白饼的底部蘸上一点巧克力液，固定在饼干上。

10 在蛋白饼凹陷处挤入柠檬馅、打发的淡奶油，放上蔓越莓干、折断的长条状蛋白饼装饰即可。

幸运饼干

材料

低筋面粉 25 克

蛋白 38 克

糖粉 35 克

无盐黄油 20 克

盐 0.5 克

橄榄油 10 毫升

成品数量

9 个

制作流程

1 将蛋白、糖粉、盐倒入大玻璃碗中，用手动搅拌器搅拌均匀。

2 将低筋面粉过筛至碗里，用手动搅拌器搅拌成无干粉的面糊。

3 将无盐黄油隔热水搅拌至熔化，缓慢倒入大玻璃碗中，边倒边搅拌均匀，再倒入橄榄油，快速搅拌均匀，制成饼干糊。

4 取烤盘，铺上高温布，用勺子舀取适量饼干糊放在高温布上，形成直径约为5厘米的圆形，放入已预热至160℃的烤箱中层，烤约10分钟。

5 待时间到，取出烤盘，立即将备好的小纸条放在烤好的饼干上，趁热将饼干对折，再将两端向内各折1/3。

6 将饼干微弯，折成三角锥状，做出幸运饼干的造型即可。

◎ 美味笔记

烤好后要将饼干立刻对折，否则放凉后再折会断裂。

巧克力手指饼干

材料

无盐黄油 92 克

糖粉 50 克

盐 1 克

全蛋液 50 克

高筋面粉 60 克

低筋面粉 70 克

可可粉 6 克

可可豆适量

成品数量

11 个

制作流程

1 将室温软化的无盐黄油倒入搅拌盆中，筛入糖粉，用橡皮刮刀翻拌均匀，加入盐拌匀，用电动搅拌器搅打至食材呈乳白色。

2 分两次加入全蛋液，边倒边搅打，至食材完全混合均匀。

3 倒入可可豆，再将高筋面粉、低筋面粉过筛至盆中，倒入可可粉，用橡皮刮刀翻拌均匀，装入套有裱花嘴的裱花袋中。

4 在铺有油纸的烤盘上挤上数个大小一致的长条面糊，即成饼干坯。

5 移入已预热至160℃的烤箱中层，烤约20分钟。

6 待时间到，取出烤好的巧克力手指饼干，稍稍冷却即可。

雪花球

材料   成品数量

低筋面粉 70 克   防潮糖粉 22 克   11 个

杏仁粉 45 克   抹茶粉 4 克

无盐黄油 87 克   香草精 2 克

糖粉 25 克   盐 1 克

制作流程

1 将室温软化的无盐黄油、糖粉、盐倒入大玻璃碗中，用电动搅拌器搅打均匀，然后一边倒入香草精，一边继续搅打均匀。

2 将低筋面粉过筛至碗里，再筛入杏仁粉。

3 用橡皮刮刀翻拌均匀成无干粉的面团。

4 取出面团，放在铺有保鲜膜的操作台上，再用保鲜膜包裹住面团，放入冰箱冷藏约20分钟。

 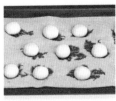  

5 取出冷藏好的面团，撕掉保鲜膜，再将冷藏好的面团分成约12克一个的小球，轻轻搓圆，放在油纸上。

6 将烤盘放入已预热至170℃的烤箱中层，烤约15分钟。

7 取出烤好的饼干，放凉至室温，再裹上一层防潮糖粉。

8 最后筛上一层抹茶粉即可。

◎ 美味笔记

犹如茫茫雪原上的一抹青苔，抹茶给饼干带来了一丝清爽滋味。这种较厚的饼干要注意将内部也烤熟。

野莓烧果子酥

材料

外皮：

基础挞派皮面团 240 克

凤梨酥馅：

菠萝块 200 克

麦芽糖 85 克

冰糖 85 克

蓝莓干 12 克

其他：

无盐黄油少许

低筋面粉少许

成品数量

4 个

制作流程

1. 将菠萝块榨成糊，再过滤掉多余的汁液。

2. 将麦芽糖、冰糖、菠萝糊倒入平底锅中，开中火，边加热至沸腾边用橡皮刮刀搅拌，转小火，继续搅拌至呈浓稠的糊状，制成凤梨酥馅，关火，盛出放凉，待用。

3. 将凤梨酥馅分成约45克一个的球，按扁后放上约3克的蓝莓干，再搓圆。

4. 取长方形模具，在内壁上刷少许无盐黄油，再均匀撒上少许低筋面粉。

5. 将冷藏好的基础挞派皮面团分成约60克一个的小面团，搓圆后按扁，放上凤梨酥馅，再次搓圆，揉至呈短圆柱状，放入长方形模具内，用擀面杖轻压至面团与内壁紧密贴合。

6. 将模具放入已预热至200℃的烤箱中层，烤约18分钟即可。

◎ 美味笔记

放入模具压成形时，需要注意力度，以免面团开裂。

曲奇牛奶杯

材料

红糖 65 克

细砂糖 45 克

无盐黄油 85 克

蛋黄 1 个

低筋面粉 180 克

黑巧克力 80 克

牛奶适量

成品数量

2 个

◎ 美味笔记

先冷藏，再刷上黑巧克力
液，可使杯子更牢固。

制作流程

1 无盐黄油隔热水熔化。

2 将细砂糖倒入红糖中拌匀，加入无盐黄油搅拌
均匀。

3 加入蛋黄搅拌均匀，加入低筋面粉稍加搅拌后，
在案台上撒少许低筋面粉，把食材倒在案台上翻
拌均匀。

4 在模具内部刷一层薄薄的软化后的无盐黄油，取
一团面团放在模具内，按压成杯子的形状。

5 将边缘刮平整，放入预热好的烤箱中，以上火
170℃、下火160℃的温度，烤15～20分钟，取出。

6 黑巧克力隔热水熔化，在曲奇杯冷却后用刷子将
黑巧克力液均匀刷到杯子的内壁上，不留缝隙，
放至凝固。

7 将适量牛奶倒曲奇杯即可。

白色恋人巧克力饼干

材料

饼干糊：

低筋面粉 50 克

无盐黄油 50 克

糖粉 35 克

蛋白 50 克

动物性淡奶油 25 克

奶粉 20 克

夹馅：

白巧克力碎 100 克

淡奶油 15 克

成品数量

10 个

制作流程

1 将无盐黄油、糖粉倒入大玻璃碗中，用电动搅拌器搅打均匀。

2 倒入蛋白，继续搅打均匀。

3 分三次倒入动物性淡奶油，每次边倒边搅打均匀。

4 将低筋面粉、奶粉过筛至碗里，用橡皮刮刀翻拌至无干粉状态，制成饼干糊。

5 取烤盘，铺上油纸，放上模具，用刮板将饼干糊均匀抹在格子内，待饼干糊定型，取走模具。

6 筛上一层糖粉，待其微微潮湿后再筛上一层糖粉。

7 将烤盘移入已预热至190℃的烤箱中层，烤约9分钟，取出，晾凉至室温。

8 将白巧克力碎装入小钢锅中，隔热水搅拌至完全熔化，倒入淡奶油，继续搅拌均匀，制成夹馅。

9 取慕斯圈，用保鲜膜包上一边做底，倒入夹心馅，放入冰箱冷藏约30分钟至变硬，取出，脱去慕斯圈，撕掉保鲜膜。

10 放上烤好的饼干，用刀将夹心馅切成和饼干一样宽的条，再分切成大小一致的块。

11 按照每两块饼干中间放一块夹心馅的方法来制作，即成白色恋人巧克力饼干。

12 最后筛上一层糖粉作装饰即可。

◎ 美味笔记

这是一款广受欢迎的网红点心，由两块酥脆的饼干夹着一片入口即化的白巧克力片，形似原产地北海道的著名雪山景象，外酥里嫩、口感多重。

松子咖啡饼干

材料

饼干：

无盐黄油 62 克

糖粉 62 克

咖啡粉 4 克

全蛋液 30 克

低筋面粉 90 克

奶粉 30 克

馅料：

砂糖 20 克

葡萄糖浆 19 克

松子 22 克

无盐黄油 12 克

成品数量

7 个

制作流程

1 将62克室温软化的无盐黄油倒入搅拌盆中，筛入糖粉，用电动搅拌器搅打至呈乳白色，分两次倒入全蛋液，边倒边搅打，至无液体状。

2 将咖啡粉与4毫升温水混合均匀，加入搅拌盆中，搅打均匀。

3 将低筋面粉、奶粉过筛至搅拌盆里，以软刮刀翻拌至无干粉的状态，即成面糊，装入裱花袋里。

4 取烤盘，铺上油纸，用画圈的方式挤出数个大小形状一致的面糊。

5 将8毫升清水、葡萄糖浆、砂糖依次倒入平底锅中，边加热边搅拌，至砂糖完全熔化，放入松子，拌匀，关火，倒入12克无盐黄油，拌至熔化，即成馅料，装入面糊中间。

6 将烤盘移入已预热至140℃的烤箱中层，烤约25分钟至熟即可。

◎ 美味笔记

挤出的面团要首尾相连，以免烤出后成品不够美观。

牛轧糖奶油夹心小熊饼干

材料

饼干底：

低筋面粉 60 克

糖粉 35 克

无盐黄油 30 克

花生酱 20 克

香草精 2 克

盐 1 克

杏仁粒 3 颗

夹心馅：

棉花糖 30 克

无盐黄油 12 克

全脂奶粉 10 克

杏仁 20 克

成品数量

3 个

制作流程

1 将室温软化的无盐黄油搅拌均匀，筛入糖粉，加入盐、花生酱、香草精，持续搅拌一会儿，筛入低筋面粉，翻拌至无干粉的状态，揉成面团，擀成厚度约为1厘米的薄面皮，用小熊模具按压出6个小熊，移入冰箱冷藏5分钟。

2 取烤盘，铺上油纸，放上小熊面皮，将杏仁粒放在有手的小熊面皮上，固定好，用牙签戳出眼睛、鼻子、耳朵；取3个小面皮揉搓圆，再按扁，制成小熊尾巴，放在另外3只小熊面皮上，移入预热至170℃的烤箱中，烤约10分钟，取出。

3 取烤盘，铺上油纸，放上20克杏仁，移入预热至175℃的烤箱中，烤约10分钟，取出，切碎。

4 平底锅中放入无盐黄油和棉花糖，开小火边熬边拌，煮至呈糊状，倒入全脂奶粉、杏仁碎拌匀，关火，用余温熬一会儿，盛出，装入裱花袋中。

5 将夹心馅涂在有尾巴的小熊饼干光滑面，盖上另一片小熊饼干，放入冰箱冷藏30分钟即可。

巧克力千层酥饼

材料

酥饼：

无盐黄油 125 克

砂糖 50 克

全蛋液 35 克

蛋黄 10 克

低筋面粉 240 克

巧克力奶油：

淡奶油 50 克

黑巧克力 50 克

巧克力豆适量

薄荷叶适量

糖粉少许

成品数量

3 个

制作流程

1 将无盐黄油、砂糖倒入大玻璃碗中，用电动搅拌器搅打至发白状态。

2 分次加入全蛋液、蛋黄，边倒边搅打均匀。

3 将低筋面粉过筛至大玻璃碗中。

4 以软刮刀翻拌成无干粉状态的面团，放在操作台上。

5 包裹上保鲜膜后用擀面杖将面团擀成厚薄一致的面皮，再移入冰箱冷藏一会儿。

6 取出后撕开保鲜膜，分切成数个大小一致的长方形面皮，即成酥饼坯。

7 取烤盘，铺上油纸，放上酥饼坯，移入已预热至170℃的烤箱中层，烤约20分钟，上色后取出，即成酥饼。

8 将淡奶油倒入大玻璃碗中，用电动搅拌器打发。

9 倒入熔化的黑巧克力，继续搅打均匀。

10 将打发的巧克力淡奶油装入套有裱花嘴的裱花袋里。

11 将打发的巧克力淡奶油挤在一块酥饼上，盖上另一块酥饼。

12 再挤上一层巧克力淡奶油，放上巧克力豆，再将糖粉过筛至表面，放上薄荷叶即可。

◎ 美味笔记

这种千层酥饼不同于用酥皮制成的千层酥饼，口感较硬且酥脆，食用时不易掉渣，制作方便，造型美观。成品中装饰的内馅如用动物性奶油，味道则更加香醇。

黄桃粒磅蛋糕

材料

低筋面粉 100 克

无盐黄油 100 克

全蛋 2 个

细砂糖 70 克

黄桃粒 25 克

泡打粉 3 克

成品数量

1 个

制作流程

1 将室温软化的无盐黄油装入干净的大玻璃碗中，用电动搅拌器搅打均匀，倒入细砂糖，搅打至混合均匀。

2 倒入少许蛋白液，继续搅打均匀，将剩余全蛋分三次加入，用电动搅拌器搅打均匀。

3 将低筋面粉、泡打粉过筛至大玻璃碗中，用手动搅拌器搅拌至混合均匀。

4 倒入黄桃粒，用橡皮刮刀搅拌至混合均匀，即成蛋糕糊。

5 取蛋糕模具，倒入蛋糕糊，轻震几下。

6 将模具放入已预热至180℃的烤箱中层，烘烤约35分钟即可。

◎ 美味笔记

烤前用喷火器稍微喷一下蛋糕糊表面，可以减少气泡孔。

可露丽

材料

    牛奶 250 毫升

    全蛋 1 个

    蛋黄 1 个

    低筋面粉 50 克

    糖粉 40 克

    朗姆酒 5 毫升

    无盐黄油 20 克

    香草荚少许

成品数量

    2 个

制作流程

1 将牛奶倒入小锅中，煮沸，剪碎香草荚，放入锅中，煮至出味，关火备用。

2 取一搅拌盆，倒入全蛋、蛋黄搅拌均匀，把糖粉倒入搅拌盆中，搅拌均匀。

3 倒入香草牛奶，搅拌均匀，筛入低筋面粉，搅拌均匀。

4 将无盐黄油隔水加热熔化，倒入面糊中，搅拌均匀，倒入朗姆酒，搅拌均匀，放入冰箱，冷藏24小时。

5 取出冷藏好的蛋糕糊，倒入金属可露丽模具中。

6 把模具放在烤盘上，再放进预热至190℃的烤箱中，烘烤约60分钟即可。

玛德琳蛋糕

材料   成品数量

 低筋面粉 100 克   全蛋 2 个   48 个

 黄油 100 克   泡打粉 3 克

 砂糖 75 克

 牛奶 25 毫升

制作流程

1 黄油用小锅加热熔化，继续小火煮到呈焦色，带有似坚果的香味，过滤后，冷却待用。

2 全蛋加入砂糖用电动搅拌器打至砂糖溶化，颜色变浅、状态变浓稠，形成蛋糊。

3 低筋面粉和泡打粉混合过筛加入蛋糊中，用手动搅拌器搅拌均匀至无干粉状态。

4 加入牛奶搅拌均匀。

5 分次加入黄油搅拌均匀。

6 盖保鲜膜静置或者冷藏至少一个小时。

7 把面糊倒入模具约八分满。

8 烤箱预热至190℃，将面糊放入中层烤约8分钟，直到边缘略带金色，出炉稍晾1~2分钟，脱模冷却即可。

◎ 美味笔记

玛德琳蛋糕烘烤成功的标志是出现"小肚脐"。

迷你布朗尼

材料

低筋面粉 90 克

可可粉 10 克

黄砂糖 50 克

葡萄糖浆 20 克

盐 0.5 克

泡打粉 1 克

全蛋液 100 克

无盐黄油 80 克

黑巧克力 50 克

核桃仁适量

杏仁适量

开心果仁适量

腰果仁适量

奶油适量

成品数量

3 个

制作流程

1 将全蛋液打匀，倒入黄砂糖、葡萄糖浆和盐拌匀，筛入低筋面粉、可可粉和泡打粉，用橡皮刮刀搅拌成均匀的面糊。

2 将黑巧克力和奶油一起放入微波炉中熔化，再用搅拌器搅拌均匀。

3 将混合物倒入面糊中，装入裱花袋。

4 在麦芬模上涂上少许无盐黄油，再挤入八分满的面糊，放上核桃仁、杏仁、开心果仁、腰果仁。

5 放进预热至165℃的烤箱中，烘烤约15分钟即可。

◎ 美味笔记

也可以将巧克力和奶油隔水加热至熔化。

波士顿派

材料

蛋糕体：

低筋面粉 100 克

全蛋 3 个

细砂糖 140 克

盐 2 克

牛奶、食用油各 50 毫升

泡打粉、苏打粉各 2 克

塔塔粉 0.5 克

奶油馅：

淡奶油 500 克

草莓果酱 30 克

防潮糖粉适量

成品数量

1 个

制作流程

1 把全蛋的蛋黄、蛋白分离；将蛋黄、78克细砂糖、盐、牛奶、食用油搅拌均匀，筛入低筋面粉、泡打粉、苏打粉，拌成蛋黄糊。

2 将蛋白、塔塔粉、62克细砂糖打发，即成蛋白糊。

3 蛋黄糊倒入蛋白糊中搅拌均匀，即成蛋糕糊，倒入派盘，放入已预热至180℃的烤箱中层，烘烤35~40分钟。

4 将淡奶油打发，即成原味奶油糊；将一半原味奶油糊加入草莓果酱，搅拌均匀，制成草莓奶油糊。

5 取出烤好的蛋糕，脱模后放在转盘上，用锯齿刀将其横刀切成两片，用抹刀将适量原味奶油糊均匀地涂抹在蛋糕切面上，再涂抹上一层草莓奶油糊。

6 再在蛋糕切面上均匀地涂抹上一层原味奶油糊，盖上另一片蛋糕，在蛋糕表面均匀地筛上一层防潮糖粉，食用前切开即可。

薄荷莓果蛋糕

材料

低筋面粉 60 克

全蛋 2 个

细砂糖 60 克

无盐黄油 40 克

已打发的淡奶油适量

新鲜树莓酱 50 克

树莓适量

蓝莓适量

薄荷叶少许

成品数量

1 个

制作流程

1 将全蛋、细砂糖放入大玻璃碗中，用电动搅拌器搅打均匀。

2 将大玻璃碗隔热水（水温约70℃）加热，将混合物边加热边搅打至不易滴落的稠状。

3 取出大玻璃碗，放在操作台上，将低筋面粉过筛至碗中，用橡皮刮刀翻拌至无干粉状态。

4 加入事先已经熔化的无盐黄油，充分搅拌均匀，即成蛋糕糊。

5 取蛋糕模具，倒入蛋糕糊，轻震几下排出大气泡。

6 将模具放入已预热至170℃的烤盘中层，烘烤约20分钟，将烤箱温度调节至160℃，再烘烤约10分钟，取出即可。

7 取出烤好的蛋糕，脱模后切成两个圆片。

8 将一片蛋糕放在转盘上，用抹刀将适量已打发的淡奶油均匀地涂抹在蛋糕上。

9 用勺子舀取适量新鲜树莓酱，均匀地涂抹在已打发的淡奶油上。

10 放上另一片蛋糕。

11 用抹刀将适量已打发的淡奶油均匀地涂抹在蛋糕上。

12 在蛋糕上均匀地放上蓝莓、树莓、薄荷叶即可。

◎ 美味笔记

最好使用新鲜莓果点缀蛋糕，使用速冻莓果容易化开，会在蛋糕表面留下红色水渍。

抹茶蜜豆蛋糕

材料

低筋面粉 60 克

全蛋（2 个）108 克

细砂糖 65 克

无盐黄油 40 克

抹茶 7 克

淡奶油 200 克

蜜豆少许

成品数量

2 个

制作流程

1 往装有抹茶的玻璃碗中倒入10毫升热水、5克细砂糖，搅拌均匀，即成抹茶糊。

2 将全蛋用电动搅拌器搅散，倒入60克细砂糖，隔热水边加热边搅打至不易滴落的稠状后取出，筛入低筋面粉，用橡皮刮刀翻拌至无干粉状态，倒入隔水熔化的无盐黄油，倒入抹茶糊，搅拌至混合均匀，即成抹茶蛋糕糊。

3 取烤盘，垫上油纸，倒入抹茶蛋糕糊，轻震几下排出大气泡，放入已预热至170℃的烤箱中层，烘烤约15分钟。

4 将淡奶油用电动搅拌器搅打至不易滴落的状态，装入已套有圆形裱花嘴的裱花袋。

5 取出抹茶蛋糕，用圆形模具压出数个圆形蛋糕片。

6 取一片蛋糕放在转盘上，挤上数个球形淡奶油，填入蜜豆，盖上第二片蛋糕，再次挤上数个球形淡奶油，填入蜜豆，放上第三片蛋糕，挤上一个稍大一点的球形淡奶油，放上蜜豆作装饰即可。

◎ 美味笔记

也可将蜜豆拌入打发的淡奶油中，一起挤在蛋糕上。

奥利奥杯子蛋糕

材料

蛋糕体：

低筋面粉 50 克

牛奶 30 毫升

玉米油 25 毫升

蛋黄（3 个）约 51 克

蛋白（3 个）约 112 克

细砂糖 40 克

装饰：

淡奶油 200 克

细砂糖 20 克

奥利奥饼干碎适量

奥利奥饼干适量

成品数量

5 个

制作流程

1 将玉米油、牛奶倒入大玻璃碗中，用手动搅拌器搅拌均匀，倒入蛋黄，搅拌均匀，筛入低筋面粉，用手动搅拌器快速搅拌至混合均匀，制成面糊。

2 将蛋白、细砂糖倒入另一碗中，用电动搅拌器搅打至九分发，制成蛋白糊，倒入面糊里，用橡皮刮刀翻拌均匀，制成饼干糊，装入裱花袋里。

3 取烤盘，放上蛋糕纸杯，再将蛋糕糊逐一挤入杯中，将烤盘放入已预热至200℃的烤箱中层，烤约17分钟。

4 将淡奶油、细砂糖装入大玻璃碗中，用电动搅拌器搅打至有纹路，倒入奥利奥饼干碎，搅拌均匀，制成奥利奥奶糊。

5 将奥利奥奶糊装入套有圆齿裱花嘴的裱花袋里，用剪刀在裱花袋尖端处剪一个小口。

6 取出烤好的蛋糕，放凉至室温，将奥利奥奶糊挤在蛋糕表面，再插上对半切开的奥利奥饼干即可。

柠檬蓝莓蛋糕

材料

蛋糕糊：

植物油 50 克

蜂蜜 60 克

浓缩柠檬汁 10 毫升

柠檬皮屑 15 克

全蛋 110 克

细砂糖 30 克

杏仁粉 160 克

低筋面粉 80 克

盐 1 克

泡打粉 2 克

蓝莓 200 克

装饰：

奶油奶酪 100 克

君度力娇酒 10 毫升

糖粉 15 克

浓缩柠檬汁 10 毫升

蓝莓 100 克

薄荷叶少许

成品数量

1 个

制作流程

1 在平底锅中倒入植物油、60克蜂蜜、10毫升浓缩柠檬汁和柠檬皮屑，煮沸。

2 在搅拌盆中倒入全蛋及细砂糖，搅打至发白状态，此过程需隔水加热。

3 筛入杏仁粉、低筋面粉、盐及泡打粉，搅拌均匀。

4 加入步骤1中的混合物及200克蓝莓，搅拌均匀，制成蛋糕糊。

5 将蛋糕糊倒入铺有油纸的蛋糕模具中，放入预热至170℃的烤箱中，烘烤约25分钟，出炉后放凉，脱模。

6 将室温软化的奶油奶酪及糖粉倒入搅拌盆中，搅打至顺滑状态。

7 加入君度力娇酒及10毫升浓缩柠檬汁，搅拌均匀。

8 将步骤7中的混合物涂抹在蛋糕的表面，放上蓝莓和薄荷叶装饰即可。

◎ 美味笔记

装饰用的抹酱不能调得太稀，不然就固定不住，会流下蛋糕面，影响美观。

红丝绒裸蛋糕

材料

全蛋 5 个

砂糖 140 克

玉米油 50 毫升

牛奶 65 毫升

低筋面粉 105 克

红曲粉 15 克

柠檬汁 3 滴

淡奶油 500 毫升

杞果适量

草莓适量

糖粉适量

成品数量

1 个

制作流程

1 将全蛋的蛋黄、蛋白分开，将蛋黄放进无水无油的盆里，加25克砂糖搅拌均匀，加入玉米油，搅打均匀，倒入牛奶，搅拌均匀，加入红曲粉拌匀后，加入过筛后的低筋面粉翻拌均匀，制成面糊。

2 在蛋白中滴几滴柠檬汁，分三次加入65克砂糖，低速打发，至提起搅拌器可以拉出短尖角状蛋白液为止。

3 取部分蛋白放进面糊里搅拌均匀，倒回蛋白盆中拌匀，再倒进八寸蛋糕模中，轻震几下。

4 放入预热好的烤箱中层，以上火160℃、下火140℃烤40分钟，出炉，倒扣放凉后脱模，切片。

5 把50克砂糖倒入淡奶油中打至硬性发泡，装进套有裱花嘴的裱花袋中。

6 取一片蛋糕，挤一圈奶油，铺一层杞果；再铺一片蛋糕，继续挤奶油，再铺一圈杞果，反复摆放直到蛋糕铺完；再次挤一圈奶油，摆上草莓，撒上糖粉装饰即可。

◎ **美味笔记**

根据上色情况，烘烤时间

可适当延长5~10分钟。

巧克力舒芙蕾

材料

全蛋 3 个

巧克力 100 克

黄油 40 克

细砂糖 50 克

低筋面粉 50 克

糖粉适量

成品数量

2 个

◎ 美味笔记

可在装了面糊的杯子内侧边缘用长柄刮板刮一圈，以利于舒芙蕾直向膨胀。

制作流程

1 在杯子内侧抹上少许黄油，撒上适量糖粉；巧克力切块。

2 将巧克力块装入玻璃碗中，放入黄油，隔水加热，搅拌至熔化，备用。

3 全蛋打入另一玻璃碗中，放入细砂糖，用电动搅拌器打发，倒入熔化好的巧克力，边倒边搅打均匀。

4 筛入低筋面粉，用手动搅拌器搅拌至光滑，装入裱花袋中，再挤入杯中，放在烤盘上。

5 将烤盘放入预热好的烤箱里，以上、下火200℃，烤约12分钟，取出。

6 筛上适量糖粉点缀即可。

哆啦 A 梦蛋糕卷

材料

低筋面粉 75 克

蛋黄（4 个）62 克

蛋白（5 个）180 克

细砂糖 55 克

牛奶 70 毫升

色拉油 60 毫升

泡打粉 2 克

白、蓝、红、黄、黑、
绿色食用色素各 2 滴

已打发的淡奶油适量

成品数量

1 个

制作流程

 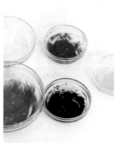  

1 将蛋黄打散，倒入牛奶、色拉油，搅打均匀，筛入低筋面粉、泡打粉，搅拌至无干粉状态，即成蛋黄糊。

2 取适量蛋黄糊，分别滴入白、蓝、红、黄、黑、绿等食用色素，搅拌均匀，即成彩色蛋黄糊。

3 将35克蛋白、3克细砂糖倒入碗中，搅打至出现气泡。

4 倒入2克细砂糖，搅打至不易滴落的状态，即成蛋白糊A。

5 分别取适量蛋白糊A倒入白、蓝、红、黄、黑色蛋黄糊中，搅拌均匀，分别制成白、蓝、红、黄、黑色蛋糕糊，分别装入裱花袋。

6 取烤盘，铺上哆啦A梦图案纸，再垫上一张蛋糕卷塑胶垫，用黑色蛋糕糊画出哆啦A梦的轮廓，用白色蛋糕糊点出眼珠，放入已预热至180℃的烤箱中层，烘烤约2分钟。

7 取出烤盘，用白色蛋糕糊、蓝色蛋糕糊、黄色蛋糕糊、红色蛋糕糊填充五官和其他部位，放入已预热至180℃的烤箱中层，烘烤约2分钟。

8 将145克蛋白、15克细砂糖搅打均匀，再倒入15克细砂糖，搅打至出现气泡，倒入20克细砂糖，搅打至不易滴落的状态，即成蛋白糊B。

9 取一半的蛋白糊B倒入绿色蛋黄糊中，用橡皮刮刀搅拌均匀，倒回至装有剩余蛋白糊B的大玻璃碗中，搅拌均匀，即成绿色蛋糕糊。

10 取出烤盘，倒入绿色蛋糕糊，用刮板抹匀、抹平，放入已预热至180℃的烤箱中层，烘烤约15分钟。

11 取出烤好的蛋糕，倒扣在铺有油纸的烤网上，再脱模，静置一会儿使其稍稍放凉至室温。

12 再将蛋糕倒扣在铺有油纸的操作台上，将已打发的淡奶油均匀地涂抹在蛋糕上，卷成卷，再冷藏一会儿，取出，去掉油纸即可。

面粉版爱心马卡龙

材料

面饼：

蛋白（4 个）145 克

糖粉 235 克

低筋面粉 117 克

黄色食用色素少许

绿色食用色素少许

蓝色食用色素少许

红色食用色素少许

夹馅：

无盐黄油 100 克

糖粉 40 克

淡奶油 50 克

成品数量

4 个

制作流程

1 将蛋白、45克糖粉倒入干净的大玻璃碗中，用电动搅拌器搅打至不易滴落的状态，即成蛋白糊。

2 将低筋面粉、190克糖粉倒入另一个碗中，搅拌均匀，取一半的蛋白糊倒入其中，搅拌均匀，再盛入剩余蛋白糊，搅拌成稠状的马卡龙面糊。

3 将各色食用色素竖着涂抹在套有细圆形裱花嘴的裱花袋内侧，将马卡龙面糊装入裱花袋，用剪刀在裱花袋尖端处剪一个小口。

4 取烤盘，垫上高温油布，再将马卡龙面糊逐一挤成数个爱心造型，放入已预热至160℃的烤箱中层，烘烤约13分钟，取出烤好的面饼放凉。

5 将室温软化的无盐黄油放入大玻璃碗中，用电动搅拌器搅打均匀，倒入糖粉，搅打至混合均匀，倒入淡奶油，搅打至混合均匀，即成夹馅，装入裱花袋中，用剪刀在裱花袋尖端处剪一个小口。

6 将夹馅挤在一块面饼的反面，再盖上另一块面饼，即成爱心马卡龙。

◎ 美味笔记

面粉版爱心马卡龙比杏仁粉的马卡龙更易制作成功。

健康南瓜面包棒

材料

高筋面粉 220 克

熟南瓜泥 125 克

奶粉 25 克

细砂糖 40 克

盐 2 克

酵母粉 4 克

无盐黄油 18 克

牛奶适量

成品数量

8 个

制作流程

1 将酵母粉倒入装有牛奶的小玻璃碗中，用手动搅拌器搅拌均匀，即成酵母液。

2 将高筋面粉、奶粉、细砂糖、熟南瓜泥、酵母液倒入大玻璃碗中，翻拌几下，再用手揉成团。

3 取出面团反复揉扯拉长，再卷起，将收口朝上，稍稍按扁，放上无盐黄油、盐，按扁，揉匀，摔打几次，再次收口，将其揉成光滑的面团。

4 将面团放回至大玻璃碗中，封上保鲜膜，静置发酵约30分钟。

5 将面团擀成长方形的薄面皮，用刀修成规则的长方形，再分切成宽约2厘米的条，即成面包棒坯。

6 取烤盘，铺上油纸，放上面包棒坯，放入已预热至30℃的烤箱中层，静置发酵约30分钟，取出。

7 将烤盘放入已预热至180℃的烤箱中层，烘烤约15分钟即可。

高级奶香吐司

材料

高筋面粉 250 克

干酵母 2 克

黄油 30 克

全蛋 30 克

盐 3 克

细砂糖 100 克

牛奶 15 毫升

全蛋液适量

成品数量

1 个

制作流程

1 将高筋面粉、干酵母、黄油、全蛋、盐、细砂糖、牛奶、120毫升清水倒入面包机中，按下启动键进行和面。

2 将和好的面团放在案台上，用擀面杖擀成椭圆形的面饼。

3 将擀好的面饼翻转过来，卷成长条形，放进吐司模具中，放入烤箱中发酵1~2小时，使其体积膨胀为约原来的2倍大。

4 在发酵好的面团表面刷上全蛋液，用小刀在表面划上细痕排气。

5 把烤箱以上火170℃、下火160℃预热好，将成形的面团放进烤箱烘烤10~12分钟。

6 将烤好的面包取出，切片摆入盘中即可。

◎ 美味笔记

做蛋糕时，过度打发会导致烤出来的蛋糕塌陷；做饼干时，过度打发则会使烤出来的饼干形状不美观。

咕咕霍夫

材料

低筋面粉 70 克

杏仁粉 40 克

全蛋 1 个

牛奶 60 毫升

无盐黄油 50 克

糖粉 70 克

泡打粉 1 克

已打发的淡奶油适量

罐头樱桃适量

成品数量

4 个

制作流程

1 将切块的无盐黄油倒入大玻璃碗中，用电动搅拌器搅打至呈乳黄色。

2 分两次倒入糖粉，搅打至无干粉状态，分两次倒入全蛋，搅打至混合均匀。

3 将低筋面粉、杏仁粉、泡打粉过筛至大玻璃碗中，用橡皮刮刀搅拌成无干粉状态的面团。

4 分三次倒入牛奶，翻拌均匀，即成面糊，装入裱花袋，用剪刀在裱花袋尖端处剪一个小口。

5 取模具，均匀地挤上面糊，轻震几下使其表面更平整，放入已预热至180℃的烤箱中层，烘烤约21分钟。

6 取出脱模，挤上已打发的淡奶油，再放上罐头樱桃作装饰即可。

菠萝包

材料   成品数量

面团：   **菠萝皮：**   6 个

高筋面粉 170 克   低筋面粉 70 克

细砂糖 30 克   细砂糖 40 克

奶粉 12 克   全蛋液 25 克

盐 3 克   无盐黄油 30 克

全蛋 35 克

无盐黄油 30 克

酵母粉 3 克

制作流程

1 将高筋面粉、酵母粉、30克细砂糖、奶粉、盐倒入大玻璃碗中，用手动搅拌器搅拌均匀。

2 倒入35克全蛋和75毫升清水，用橡皮刮刀翻拌成无干粉状态的面团，揉至八成光滑。

3 按扁，放上30克无盐黄油，反复揉搓至混合均匀，摔打至起筋，搓圆，放在大玻璃碗中，喷一点水，发酵30分钟。

4 将低筋面粉、40克细砂糖、25克全蛋液倒入另一个大玻璃碗中，用橡皮刮刀翻拌均匀。

5 碗中再倒入30克无盐黄油，继续翻拌至无干粉状态，制成菠萝皮面团，用保鲜膜包住，放入冰箱冷藏。

6 将发酵好的面团切成约40克一个的小面团，揉搓收口，再放在手掌上滚圆，制成面包坯，放在烤盘上。

7 菠萝皮面团切成约20克一个的小面团，放在撒有少许低筋面粉的操作台上，擀薄，制成菠萝皮坯。

8 用菠萝皮坯包住喷有少量清水的面包坯，用刮板横竖压出数道压痕，制成菠萝面包坯。

9 将菠萝面包坯放入已预热至30℃的烤箱中层，发酵约30分钟，取出，刷上全蛋液。

10 将烤盘放入已预热至180℃的烤箱中层，烤约25分钟即可。

抹茶白巧克力司康

材料

高筋面粉 100 克

低筋面粉 100 克

白巧克力碎 40 克

牛奶 90 毫升

盐 1 克

细砂糖 20 克

无盐黄油 40 克

抹茶粉 5 克

酵母粉 2 克

成品数量

10 个

制作流程

1 将牛奶、酵母粉装入小玻璃碗中，用手动搅拌器搅拌均匀。

2 将高筋面粉、低筋面粉、细砂糖、盐、抹茶粉倒入大玻璃碗中，用手动搅拌器搅拌均匀，倒入无盐黄油，用橡皮刮刀翻拌均匀。

3 将牛奶酵母液倒入大玻璃碗中，拌匀，反复几次用刮板从底部往上翻压，制成无干粉状态的面团。

4 取出面团按扁，放上白巧克力碎，用刮板翻压均匀，分切成四等份，叠加后按压成团，再包上保鲜膜，放入冰箱冷藏约30分钟。

5 取出冷藏好的面团，放在砧板上，用擀面杖擀成厚度约为1厘米的面皮，再切成大小一致的小方块，即成司康坯。

6 取烤盘，铺上油纸，放上司康坯，放入已预热至180℃的烤箱中层，烤约30分钟即可。

◎ 美味笔记

制成无干粉状态的面团时不可用手揉，以免起筋，影响司康口感。

贝果多杞

材料

面团：

高筋面粉 250 克

蛋黄（1 个）17 克

牛奶 140 毫升

杞果汁 40 毫升

细砂糖 35 克

奶粉 15 克

盐 2 克

酵母粉 4 克

无盐黄油 30 克

装饰：

杞果丁适量

细砂糖 30 克

成品数量

2 个

制作流程

1 将高筋面粉、酵母粉、细砂糖、奶粉、盐倒入大玻璃碗中，用手动搅拌器搅拌均匀，倒入蛋黄、牛奶、杞果汁，用手揉成团。

2 面团放在操作台上，反复揉扯拉长，再卷起，将收口朝上，稍稍按扁，放上无盐黄油，收口、揉匀，摔打几次，再次收口，揉成光滑的面团，放回大玻璃碗中，封上保鲜膜，静置发酵约30分钟。

3 将面团分成二等份，再收口、搓圆，擀成长舌形的薄面皮，按压一边使其固定，从另一边开始卷起，搓成粗细均匀的条，再将其首尾连接，收口捏紧成圈，放在铺有油纸的烤盘上，放入已预热至30℃的烤箱中层，静置发酵约30分钟，取出。

4 锅中倒入500毫升清水、细砂糖，煮至熔化，连同油纸一起将发酵好的面团放入锅中，煮约30秒，翻一面，再煮约30秒，捞出，去掉油纸，放在烤盘上。

5 将烤盘放入已预热至180℃的烤箱中层，烘烤约18分钟，取出，装入盘中，放上杞果丁即可。

红心奶油欧包

材料

高筋面粉 375 克

全蛋 1 个

红心火龙果泥 190 克

细砂糖 40 克

酵母粉 5 克

盐 4 克

无盐黄油 20 克

淡奶油 250 克

成品数量

2 个

制作流程

1 将高筋面粉、细砂糖、酵母粉、盐搅拌均匀,倒入全蛋、50毫升清水、150克火龙果泥,用橡皮刮刀翻拌成团。

2 取出面团放在干净的操作台上,将其反复揉扯拉长,再卷起。

3 将收口朝上,将面团稍稍按扁,放上无盐黄油,收口、拉长,摔打几次,再次收口,将其揉成光滑的面团。

4 将面团放回至大玻璃碗中,封上保鲜膜,静置发酵约30分钟。

5 用刮板将面团分成二等份，收口再搓成椭圆状，擀长、擀薄，从面皮的另一边开始翻压，卷成卷，再轻搓成长橄榄形，即成面包坯。

6 取烤盘，铺上油纸，放上面包坯，放入已预热至30℃的烤箱中层，静置发酵约30分钟，取出。

7 筛上一层高筋面粉，用刀片斜着划上三道口子。

8 将烤盘放入已预热至170℃的烤箱中层，烘烤约15分钟，取出。

 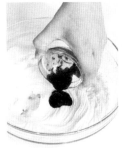  

9 将淡奶油装入碗中，用电动搅拌器搅打至不会滴落的状态。

10 倒入40克红心火龙果泥，继续搅打均匀，制成奶油馅，装入裱花袋中。

11 将烤好的面包横着割开一道口子。

12 将装入裱花袋的奶油馅挤入面包里面即可。

◎ 美味笔记

动物性奶油比植物性奶油的香气更浓郁，而且更健康，所以家庭制作点心时最好选用动物性奶油。

皇冠泡芙

材料

泡芙坯：

无盐黄油 100 克

牛奶 120 毫升

低筋面粉 150 克

鸡蛋 4 个

内馅：

巧克力 50 克

装饰：

鲜奶油 120 克

开心果碎适量

成品数量

2 个

制作流程

1 将无盐黄油倒入锅中，再倒入牛奶，倒入120毫升清水，搅拌加热至无盐黄油熔化，煮至锅中液体起小泡沫，关火。

2 筛入低筋面粉，搅拌均匀。

3 将拌好的材料倒入碗中，分三次倒入鸡蛋，用电动搅拌器搅拌均匀，装入套有裱花嘴的裱花袋中。

4 在裱花袋尖端剪一个口，将面糊挤在铺有油纸的烤盘上，连成一个圈，即为泡芙坯。

5 用手抹平泡芙坯顶部，将其放入烤箱中，以上、下火190℃烤25分钟。

6 取出食材，横刀切开连起来的泡芙。

7 将巧克力隔水加热至熔化，稍微冷却后，倒入鲜奶油中，打发，装入裱花袋，挤在一层泡芙表面，然后盖上另一层泡芙。

8 在泡芙上淋上少许鲜奶油，撒上开心果碎作点缀即可。

◎ 美味笔记

制作泡芙坯时，可以挤得松散一些，以免烤制后泡芙坯受挤压变形。

香葱黄油面包

材料

高筋面粉 275 克

全蛋 1 个

细砂糖 18 克

盐 2 克

酵母粉 3 克

无盐黄油 17 克

无盐黄油（熔化的）45 克

葱花适量

全蛋液适量

成品数量

8 个

制作流程

1 将酵母粉倒入装有120毫升清水的小玻璃碗中，用手动搅拌器搅拌均匀，即成酵母液。

2 将高筋面粉、细砂糖、盐搅拌均匀，倒入酵母液、全蛋，用橡皮刮刀翻拌几下，再用手揉成团，反复揉扯拉长，再搓圆，稍稍按扁，放上无盐黄油，按扁、揉长，再翻压，摔打几次，再次收口，将其揉成光滑的面团，放回大玻璃碗中，裹上保鲜膜，静置发酵约30分钟。

3 用刮板将面团分成八等份，再收口、搓圆，擀成长舌形的面皮，按压面皮短的一边使其固定，从面皮的另一边开始以翻压的方式卷成纺锤形的面团。

4 取烤盘，铺上油纸，放上已卷成纺锤形的面团，放入已预热至30℃的烤箱中层，静置发酵约30分钟，取出，用刀片沿着面团中线处划上一道口子。

5 将熔化的无盐黄油装入裱花袋，再挤入切口里，用刷子在面团表面均匀地刷上一层全蛋液，再撒上葱花，放入已预热至180℃的烤箱中层，烤约15分钟即可。

◎ 美味笔记

揉成面团后，用手撑起可以形成完整薄膜即可进行下一步操作。

布里欧修

材料

高筋面粉 190 克

低筋面粉 55 克

全蛋液 30 克

牛奶 100 毫升

奶粉 15 克

细砂糖 30 克

无盐黄油 30 克

盐 3 克

酵母粉 4 克

无盐黄油（用来涂抹
于模具上）少许

全蛋液（用来涂抹于布
里欧修坯表面）少许

成品数量

6 个

制作流程

1 将高筋面粉、低筋面粉、奶粉、细砂糖、盐、酵
母粉倒入大玻璃碗中，用手动搅拌器搅拌均匀，
倒入全蛋液、牛奶，用手揉成团，反复揉扯拉
长，再卷起，反复摔打，稍稍搓圆、按扁。

2 放上无盐黄油，收口、揉匀，摔打几次，再将其
揉成光滑的面团，放回大玻璃碗中，裹上保鲜
膜，静置发酵约30分钟。

3 将面团分成12个剂子，其中6个均重为13克，另6
个均重为5克，全部搓圆。

4 将大剂子擀成长舌形，卷起，再搓成条，盘成
圈，收口捏紧，将小剂子放在圈中间，制成布里
欧修坯；将锡纸杯边缘涂上一层无盐黄油，再将
布里欧修坯放入锡纸杯。

5 取烤盘，放上锡纸杯，再放入已预热至30℃的烤
箱中层，静置发酵约30分钟，取出，在布里欧修
坯表面用刷子均匀地刷上一层全蛋液，放入已预
热至180℃的烤箱中层，烘烤约15分钟即可。

第三章

冷藏点心:
慕斯、布丁、糖果

冰箱,家中必备,

不仅可以冷冻点心,

在点心的制作过程中也起到了很大作用。

本章就来学习这些不进烤箱,

用冰箱就能做出来的冷藏点心。

抹茶慕斯

材料

淡奶油 100 克

抹茶粉 10 克

吉利丁片 5 克

细砂糖 25 克

防潮糖粉少许

成品数量

2 个

制作流程

1 将清水倒入平底锅中，开中小火加热，捞出提前用20毫升清水泡软的吉利丁片，放入锅中，搅拌均匀。

2 倒入细砂糖，搅拌均匀，倒入抹茶粉，搅拌均匀，制成抹茶糊，盛出待用。

3 将淡奶油装入大玻璃碗中，用电动搅拌器搅打至不易滴落的状态。

4 倒入放凉至室温的抹茶糊，用橡皮刮刀翻拌均匀，制成慕斯糊。

5 将慕斯糊倒入碗中，放入冰箱冷藏2个小时以上。

6 取出冷藏好的慕斯，放上花形模具，筛上防潮糖粉，取走模具即可。

◎ 美味笔记

吉利丁片要用冷水浸泡，不然易熔化。

巧克力奶油慕斯

材料

慕斯糊：

巧克力碎 30 克

淡奶油 100 克

明胶粉 5 克

牛奶 50 毫升

细砂糖 20 克

装饰：

巧克力碎适量

防潮糖粉适量

成品数量

1 个

制作流程

1 将淡奶油装入大玻璃碗中，用电动搅拌器搅打至不易滴落的状态。

2 往装有明胶粉的碗中倒入15毫升清水，拌匀。

3 将牛奶、细砂糖倒入平底锅中，用中火加热至冒热气，关火，倒入明胶粉水，拌匀开火，边加热边用橡皮刮刀搅拌均匀，制成奶糊，盛出，放凉至室温。

4 将放凉至室温的奶糊倒入已打发的淡奶油中，边倒边用手动搅拌器搅拌均匀。

5 倒入巧克力碎，用橡皮刮刀搅拌均匀，制成慕斯糊。

6 将慕斯糊倒入碗中，放入冰箱冷藏2个小时以上，取出，放上巧克力碎，筛上防潮糖粉即可。

百香果慕斯

材料

慕斯糊:

牛奶 100 克

蛋黄 2 个（约 41 克）

百香果肉 60 克

淡奶油 200 克

细砂糖 80 克

吉利丁片 7 克

装饰:

黄巧克力 50 克

可可汁 50 克

柠檬果膏 30 克

成品数量

1 个

制作流程

1 将牛奶和细砂糖倒入平底锅中，开中火，边加热边搅拌至沸腾。

2 取大玻璃碗，倒入蛋黄，再将步骤1中拌匀的材料倒入大玻璃碗中，用手动搅拌器搅拌均匀。

3 将吉利丁片放入小玻璃碗中，再倒入适量温水，泡至其发软，沥干水分，放入大玻璃碗中，搅拌至其完全熔化，筛入百香果肉，快速搅拌均匀，即成蛋黄糊。

4 将淡奶油装入另一个大玻璃碗中，用电动搅拌器搅打至七分发。

5 将蛋黄糊分两次倒入打发的淡奶油中，用橡皮刮刀翻拌均匀，即成百香果慕斯糊。

6 取蛋糕模，倒入百香果慕斯糊，放入冰箱冷藏约6个小时至成形，取出后脱模。

7 将黄巧克力隔热水搅拌至熔化，倒入可可汁拌匀，将拌匀的材料倒入巧克力喷枪中，均匀喷在百香果慕斯表面。

8 将柠檬果膏装入裱花袋，用剪刀在裱花袋尖端处剪一个小口，再将柠檬果膏挤在成品表面的纹路上即可。

四季慕斯

材料

慕斯糊：

牛奶 400 毫升

淡奶油 180 克

细砂糖 30 克

香草荚适量

吉利丁片 13 克

蛋黄 3 个

装饰：

杧果丁、巧克力各适量

蓝莓、樱桃各适量

抹茶粉、淡奶油各适量

桂花、葡萄各适量

桃子丁、猕猴桃丁各适量

成品数量

9 个

制作流程

1 吉利丁片剪成小片，用4倍量左右的凉开水泡软；香草荚用小刀剖开取籽。

2 将牛奶、蛋黄、细砂糖、香草籽、香草荚放在小锅里搅拌均匀。

3 中小火熬煮并用刮刀不停搅拌，直到用手指划过刮刀有清晰的痕迹时关火。

4 将泡软的吉利丁片捞出，加在蛋黄糊里搅拌至熔化。

5 淡奶油打至四分发（出现纹路但会马上消失，还会流动的状态），分两次倒入蛋黄糊中混合均匀。

6 把慕斯糊倒入模具中，中层加入各种水果，再倒入慕斯糊，摇晃平整，放入冰箱冷藏4小时至凝固。

7 取出后用拌入抹茶粉的淡奶油挤出奶油花或用桂花和水果装饰即可。

◎ 美味笔记

装饰时，淡奶油打发后再拌入抹茶粉。

杧果慕斯

材料

慕斯：

杧果泥 100 克

杧果丁 80 克

蛋黄（1 个）22 克

牛奶 75 毫升

细砂糖、炼奶各 15 克

吉利丁片 10 克

淡奶油 125 克

装饰：

杧果泥、杧果片各 50 克

吉利丁片 5 克

糖粉、猕猴桃丁、薄荷叶各少许

可食用银珠、透明果膏各少许

成品数量

1 个

制作流程

1 将牛奶用中火加热，放入泡软的10克吉利丁片，搅拌至熔化，倒入炼奶，继续搅拌均匀，备用。

2 将蛋黄、细砂糖搅拌均匀，倒入煮好的奶液，边倒边不停搅拌均匀，倒入100克杧果泥，边倒边搅拌均匀，制成杧果蛋黄糊。

3 将淡奶油倒入另一个碗中，用电动搅拌器搅打至九分发，分两次倒入杧果蛋黄糊中，翻拌均匀。

4 取慕斯圈，用保鲜膜包住一边做底，倒入2/3的杧果慕斯糊，放上杧果丁，再倒上剩余的杧果慕斯糊，将表面抹匀、抹平，放入冰箱冷藏4个小时。

5 将泡软的5克吉利丁片倒入50克杧果泥中，再倒入糖粉、透明果膏，搅拌均匀，制成杧果膏。

6 取出冷藏好的杧果慕斯，倒上拌匀的杧果膏，再次放入冰箱冷藏2个小时，脱模，放上可食用银珠，用一半的杧果片、猕猴桃丁、薄荷叶点缀，再用剩余杧果片做出一朵"玫瑰花"放在慕斯上即可。

焦糖巴伐露

材料

饼底：

消化饼干 50 克

无盐黄油 10 克

巴伐露：

淡奶油 155 克

蛋黄（1 个）18 克

细砂糖 70 克

牛奶 70 毫升

吉利丁片 10 克

巧克力、可可粉各适量

成品数量

2 个

制作流程

1 将消化饼干装入保鲜袋中，用擀面杖擀碎，倒入大玻璃碗中。

2 碗中再倒入室温软化的无盐黄油，用橡皮刮刀翻拌均匀，制成饼底。

3 取蛋糕圈，包上锡箔纸做底，倒入饼底，再铺平，待用。

4 平底锅中倒入细砂糖、10毫升清水，边加热边搅拌至熔化，改小火，继续搅拌至呈焦黄色，关火。

5 将20克淡奶油倒入牛奶中，搅拌均匀，倒入平底锅中，用手动搅拌器搅拌均匀。

6 放入泡软的吉利丁片，快速搅拌均匀，倒入打散的蛋黄，继续搅拌均匀。

7 将135克淡奶油倒入另一碗中，用电动搅拌器搅打至九分发，分三次倒入平底锅的食材中，用橡皮刮刀翻拌均匀，制成焦糖巴伐露糊。

8 将焦糖巴伐露糊倒在饼底上，放入冰箱冷藏约120分钟。

9 将巧克力装入不锈钢锅中，再隔热水搅拌至其完全熔化，装入裱花袋里，用剪刀在裱花袋尖端处剪一个小口。

10 取一张锡箔纸，挤上数个造型一致的巧克力片，放入冰箱冷藏约10分钟至变硬。

11 取出冷藏好的焦糖巴伐露放在转盘上，用喷枪烤一下蛋糕圈表面，再脱模。

12 撒上可可粉，将冷藏至变硬的巧克力片插在焦糖巴伐露表面作装饰即可。

◎ 美味笔记

把冻好的巧克力片交叉叠放，就可以做出立体效果。用白巧克力加少许食用色素，还可以制成多色巧克力装饰物。

木糠蛋糕

材料

粗粮饼干 200 克

动物性淡奶油 300 克

炼奶 25 克

成品数量

5 个

制作流程

1 把粗粮饼干用手掰成小块，放入料理机里面打成粉末，倒入料理碗中备用。

2 动物性淡奶油倒入另一料理碗中，用电动搅拌器高速打发至出现纹路但随即消失的状态。

3 加入炼奶（分量可以根据个人的口味调整），用电动搅拌器继续打发至纹路不消失的状态。

4 裱花袋装入圆形中号裱花嘴，再装入动物性淡奶油。

5 一层饼干碎、一层动物性淡奶油间隔着铺进布丁杯里面，可以用勺子辅助弄平。

6 放入冰箱冷藏4小时以上，或者冷冻2小时。

◎ 美味笔记

可以筛上可可粉或者糖粉作装饰。

豆乳盒子

材料

戚风蛋糕片 2 片

蛋黄 45 克

细砂糖 55 克

玉米淀粉 30 克

豆浆 200 毫升

奶油奶酪 85 克

淡奶油 150 克

黄豆粉少许

焦糖核桃少许

成品数量

1 个

制作流程

1 将蛋黄、40克细砂糖搅拌至溶化，筛入玉米淀粉，翻拌至无干粉状态，即成蛋黄糊，倒入平底锅中，边加热边搅拌至冒泡，倒入豆浆，继续搅拌一会儿至呈浆糊状，在室温下晾凉。

2 将奶油奶酪用电动搅拌器搅打均匀，倒入豆浆蛋黄糊中，用电动搅拌器搅打均匀，即成奶酪糊，装入套有圆齿裱花嘴的裱花袋里，待用。

3 将淡奶油倒入另一碗中，倒入15克细砂糖，用电动搅拌器将淡奶油搅打至九分发，装入裱花袋里，待用。

4 将一片戚风蛋糕片放在塑料盒中垫底，按Z形来回挤上一层淡奶油，再挤出造型一致的奶酪糊。

5 放上一片戚风蛋糕片，按照相同方法挤上淡奶油、奶酪糊，再撒上一层黄豆粉作装饰，最后点缀焦糖核桃即可。

提拉米苏

材料

手指饼干 80 克

马斯卡彭奶酪 250 克

蛋黄（2 个）45 克

吉利丁片 10 克

淡奶油 50 克

蛋白、细砂糖各 70 克

意式咖啡粉 15 克

咖啡酒 15 毫升

糖粉、可可粉各少许

成品数量

1 个

制作流程

1 将蛋黄用电动搅拌器搅打至发白，倒入马斯卡彭奶酪，用电动搅拌器搅打均匀，制成蛋黄奶酪糊。

2 将蛋白和25克细砂糖倒入另一个碗中，用电动搅拌器搅打至九分发。

3 平底锅中倒入25克细砂糖和8毫升清水，中火煮至沸腾，制成糖浆，缓慢倒入打发的蛋白中，搅打均匀。

4 将浸水泡软的吉利丁片隔热水搅拌至熔化，再倒入蛋黄奶酪糊中，用橡皮刮刀拌匀。

5 倒入一半的打发蛋白，翻拌均匀，倒回装有剩余打发蛋白的大玻璃碗中，继续翻拌均匀。

6 将淡奶油用电动搅拌器搅打至六分发，倒入奶酪糊中，用橡皮刮刀翻拌均匀，制成奶油奶酪糊。

7 将意式咖啡粉、50毫升开水、20克细砂糖倒入干净的大玻璃碗中，用手动搅拌器搅拌均匀。

8 倒入咖啡酒，继续搅拌均匀，制成咖啡酒液。

9 取慕斯圈，用保鲜膜包住一边做底，再放在砧板上，倒入1/3的奶油奶酪糊。

10 将手指饼干的一面沾上咖啡酒液，再将这一面铺在奶油奶酪糊上。

11 倒入1/3的奶油奶酪糊，铺上一层沾上咖啡酒液的手指饼干，再倒入剩余的奶油奶酪糊，用抹刀将表面抹匀、抹平，放入冰箱冷藏4个小时。

12 取出冷藏好的提拉米苏，撕掉保鲜膜，用喷枪烤一下慕斯圈表面，再脱去慕斯圈，筛上一层糖粉、可可粉即可。

◎ 美味笔记

将煮好的糖浆倒入打发的蛋白中时，应缓慢、少量地倒入，并且一边倒入一边不停地搅打。

草莓布丁

材料

草莓 8 颗

吉利丁片 5 克

淡奶油 115 克

牛奶 150 毫升

细砂糖 35 克

罗勒叶少量

成品数量

2 个

制作流程

1 将淡奶油倒入大玻璃碗中，用电动搅拌器搅打至干性发泡。

2 将吉利丁片装入碗中，倒入适量清水泡至发软。

3 将4颗草莓切块后装入碗中，倒入细砂糖，拌匀后静置约30分钟。

4 平底锅中倒入拌好的草莓块，开中火，边加热边翻拌至草莓软烂，转为小火，倒入牛奶，拌匀。

5 倒入35克打发的淡奶油、泡软的吉利丁片，利用余温将锅中材料搅拌均匀，放凉后倒入剩余打发的淡奶油中，搅拌均匀，即成草莓布丁液。

6 将2颗草莓切片，一半贴在一个布丁杯底部的内壁上，另一半贴在另一个布丁杯靠近杯口的内壁上。

7 将草莓布丁液倒入两个布丁杯中，再放入冰箱冷藏约3小时后取出。

8 将剩余草莓切片后放在布丁上，最后放上罗勒叶作装饰即可。

◎ **美味笔记**

作点缀用的草莓片根部可以不切断，更美观。

蓝莓布丁

材料

吉利丁片 5 克

蓝莓 20 克

牛奶 160 毫升

柠檬汁 3 毫升

淡奶油 20 克

朗姆酒 3 毫升

细砂糖 35 克

罗勒叶少量

成品数量

2 个

制作流程

1 将部分蓝莓倒入碗中，加入细砂糖，拌匀，静置约30分钟。

2 平底锅中倒入拌好的蓝莓，开中火，边加热边翻拌至蓝莓软烂。

3 将吉利丁片装入碗中，倒入适量温水泡至发软。

4 平底锅改为小火，倒入柠檬汁，翻拌均匀，煮至沸腾，倒入牛奶拌匀，煮至沸腾。

5 倒入淡奶油，搅拌均匀，倒入朗姆酒，拌匀，关火。

6 将泡软的吉利丁片放入锅中，利用余温拌至吉利丁片熔化，即成蓝莓布丁液，倒入布丁杯中，再放入冰箱冷藏约3小时。

7 取出冷藏好的布丁，放上剩下的蓝莓、罗勒叶作装饰即可。

杧果夏洛特

材料

杧果泥 200 克

淡奶油 250 克

牛奶 80 毫升

吉利丁片 15 克

细砂糖 40 克

杧果 1 个

成品数量

3 个

制作流程

1 把细砂糖、牛奶和用冰水软化后的吉利丁片倒入锅中，隔水加热，用搅拌器搅拌均匀，倒入玻璃碗中。

2 将杧果泥和淡奶油倒入玻璃碗中拌匀，再倒入筛网过筛。

3 用刀把杧果切丁，再把部分杧果丁用勺子装入慕斯杯中。

4 把杧果泥装进裱花袋，挤入杯中约八分满，再放入冰箱中冷冻约半小时。

5 取出冷冻好的慕斯，把剩余的杧果丁撒在慕斯上即可。

◎ 美味笔记

杧果泥可以用杧果酱代替。

双皮奶

材料

牛奶 280 毫升

蛋白（3 个）113 克

细砂糖 20 克

蜜豆适量

成品数量

2 个

◎ 美味笔记

也可以将奶皮挑起后倒入蛋液。

制作流程

1 将牛奶倒入平底锅中，边开火加热边搅拌均匀，至冒热气，关火。

2 将热牛奶倒入碗中，放凉至表面微微结上一层奶皮。

3 将蛋白倒入另一个碗中，用手动搅拌器搅散，倒入细砂糖，搅拌至溶化。

4 再倒入牛奶，搅拌均匀，制成布丁液，倒入布丁碗中，封上保鲜膜，再用牙签插上几个孔。

5 蒸锅注水上火烧至冒气，放上布丁碗，用大火蒸约15分钟。

6 取出，撕掉保鲜膜，放上蜜豆即可。

焦糖苹果巴伐利亚奶冻

材料

牛奶 150 毫升

淡奶油 150 克

白砂糖 100 克

吉利丁片 6 克

蛋黄 2 个

可可粉适量

苹果块适量

杧果块适量

香草精适量

薄荷叶适量

成品数量

1 个

制作流程

1 将淡奶油倒入大玻璃碗中，用电动搅拌器打至八分发。

2 把牛奶倒入锅中，加入25克白砂糖，边搅拌，边小火加热至沸腾，关火。

3 蛋黄中加入25克白砂糖，搅拌片刻。

4 蛋黄中倒入一半煮好的奶液，搅拌均匀，制成蛋黄液。

5 将蛋黄液倒回锅中，开火，小火搅拌片刻。

6 放入泡软的吉利丁片，关火，搅拌至熔化，冷却片刻。

7 加入香草精搅拌均匀，再倒入打发的淡奶油拌匀，即为奶冻糊，备用。

8 将苹果块倒入锅中，小火翻炒至水分微干，倒入25克白砂糖，搅拌至苹果呈焦糖色，倒入碗中。

 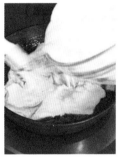  

9 锅中倒入剩余白砂糖，注入适量清水，小火熬成焦糖液。

10 将奶冻糊倒入锅中，搅拌均匀，关火。

11 将奶冻糊倒入装有苹果块的碗中，冷藏3小时，取出。

12 撒上可可粉，点缀杞果块、薄荷叶即可。

◎ 美味笔记

这是一款焦糖味十足的甜点，熬焦糖液时，糖和清水的比例为

2：1。

鲜果寒天冻

材料

草莓 100 克

细砂糖 60 克

鱼胶粉 3 克

成品数量

1 个

制作流程

1 将洗净的草莓去蒂，对半切开，放在正方形盘上摆好。

2 将鱼胶粉倒入细砂糖中，搅拌均匀。

3 将平底锅置于灶台上，倒入适量清水，开大火烧至沸腾。

4 倒入搅拌均匀的细砂糖、鱼胶粉，边加热边搅拌均匀。

5 改小火继续煮约1分钟，待稍稍降温后倒入正方形烤盘中，移入冰箱中冷藏1个小时。

6 取出冻好的成品，用刀划成大小一致的方块，装盘即可。

◎ 美味笔记

倒入鱼胶粉前可关一下火，拌匀后再开火。

椰汁红豆糕

材料

椰奶 100 毫升

淡奶油 150 克

白糖 70 克

蜜豆 300 克

鱼胶粉 50 克

成品数量

10 个

制作流程

1 将750毫升清水倒入锅中烧开，改用小火。

2 倒入白糖搅拌，加入鱼胶粉搅匀，煮至熔化。

3 盛出糖水装入碗中，加入淡奶油、椰奶，搅匀。

4 加入蜜豆，搅拌，混合成浆。

5 把浆装入模具里，装约七分满，放入冰箱冷冻1小时，冻至成形。

6 取出，脱模后切成块，装盘即可。

◎ 美味笔记

脱模前可以用喷火器沿模具四周喷一圈火，更方便脱模。

水晶西瓜冻

材料

    吉利丁片 8 克

    西瓜（半个）1000 克

    细砂糖 15 克

成品数量

4 个

1 将吉利丁片装入碗中，倒入适量清水。

2 用勺子将西瓜瓤挖出，装入大玻璃碗中，瓜皮留着待用。

3 用搅拌机将西瓜瓤搅打成汁，过筛至另一个碗中。

4 捞出泡软的吉利丁片，沥干水分，装入另一个碗中，倒入细砂糖，隔热水加热至熔化，用勺子搅拌均匀。

5 往碗中倒入适量西瓜汁，搅拌均匀。

6 倒回至装有剩余西瓜汁的大玻璃碗中，拌匀后倒入量杯中。

7 取瓜皮，倒入量杯中的西瓜液，放入冰箱冷藏4个小时以上。

8 取出西瓜冻，切成块即可。

◎ 美味笔记

如果家中没有搅拌机，也可以使用榨汁机搅打西瓜瓤，再过滤一下，也可以得到细腻的西瓜汁。

蔓越莓牛轧糖

材料

熟花生仁 250 克

蔓越莓 125 克

细砂糖 60 克

麦芽糖 280 克

盐 4 克

蛋白 25 克

无盐黄油 3 克

全脂奶粉 88 克

成品数量

7 个

制作流程

1 将蔓越莓切碎，备用。

2 将50克细砂糖、麦芽糖、50毫升清水加热至140℃，再倒入盐搅拌均匀（注意不要煮焦）。

3 将蛋白和10克细砂糖用电动搅拌器打至硬性发泡，分次倒入糖水，继续匀速搅拌。

4 倒入无盐黄油、全脂奶粉，搅拌均匀，再倒入蔓越莓碎、熟花生仁，搅拌均匀。

5 隔着烘焙纸用擀面杖擀平，放入冰箱冷却至凝固，切块即可。

◎ 美味笔记

将花生仁放入预热至170℃的烤箱，烘烤5分钟，味道更好，能激发出坚果中油脂的香味。

太妃糖

材料

淡奶油 200 克

白糖 80 克

麦芽糖 35 克

成品数量

8 个

制作流程

1 淡奶油倒入不粘锅中，加入白糖，再倒入麦芽糖，用小火加热。

2 锅中放入温度计，淡奶油煮沸至117℃。

3 熬至用刮刀分开底部时糖浆呈浅咖啡色，质感非常浓稠的状态。

4 倒入模具中，放入冰箱冷藏。

5 放凉后脱模即可。

◎ 美味笔记

模具没有具体规定，喜欢什么样式的都可以，建议用小一点儿的模具。没有模具也可以将糖整理成方形，趁热用刀切成小方块，再用糖纸包装。

棒棒糖

材料

珊瑚糖 220 克

纯净水 22 毫升

可食用糯米纸适量

可食用花适量

成品数量

10 个

制作流程

1 珊瑚糖和纯净水混合平铺在锅里，小火持续加热至170℃。

2 锅离火，待糖浆里面的气泡消失，倒入棒棒糖模具没有纸棒孔的一面，冷却5分钟左右。

3 将可食用糯米纸无图案的一面或者可食用花放在糖浆上。

4 锅里的糖浆继续加热到130℃左右，另一半模具每个插孔都插上纸棒，倒满糖浆。

5 迅速将有糯米纸的一面模具反扣在有纸棒的模具上，轻轻压紧，放入冰箱冷藏。

6 等待棒棒糖完全冷却，打开模具，棒棒糖的表面会充满细小的气泡，可用剪刀修整多余的糖。

7 用喷火枪把棒棒糖的表面喷一下，让气泡消失，使其表面变光滑。

8 待冷却后，用包装袋套上棒棒糖，扎上扎带即可。

◎ 美味笔记

自制棒棒糖没有添加剂，置干燥阴凉处最多存放两周，也不宜放冰箱，因为置冰箱中容易受潮。

果汁 QQ 糖

材料

吉利丁片 10 克

细砂糖 40 克

麦芽糖 20 克

柠檬酸 5 克

柚子汁 50 克

成品数量

8 个

◎ 美味笔记

想要口感滑嫩一些，可以
适当多加水。

制作流程

1 将吉利丁片装入碗中，倒入适量清水泡至发软，
待用。

2 将细砂糖、20毫升清水、麦芽糖放入平底锅中，
大火加热至糖完全熔化，改成小火熬煮成糖浆。

3 捞出泡软的吉利丁片沥干水分，装入小钢锅中，
再隔热水搅拌至熔化。

4 将熔化的吉利丁液缓慢倒入平底锅中，边倒边用
橡皮刮刀搅拌均匀。

5 关火，倒入柠檬酸、柚子汁，快速拌匀，制成QQ
糖液，放凉至室温。

6 取模具，往模具上的凹槽内逐一舀入放凉至室温
的QQ糖液，放入冰箱冷藏1个小时以上即可。

猫爪棉花糖

材料 成品数量

蛋白（2个）74克　　栗粉适量　　　　　12个

细砂糖 47 克

吉利丁片 5 克

草莓粉 5 克

制作流程

1 将蛋白倒入大玻璃碗中，用电动搅拌器搅打至九分发。

2 平底锅中倒入细砂糖，用中小火将其熬煮成糖浆，放入泡软的吉利丁片，用橡皮刮刀搅拌至完全熔化。

3 将平底锅中的材料缓慢倒入大玻璃碗中，边倒边用电动搅拌器快速搅打均匀，制成蛋白霜。

4 取1/3的蛋白霜装入小玻璃碗中，再加入草莓粉搅拌均匀，制成草莓霜，装入套有圆形裱花嘴的裱花袋里，用剪刀在裱花袋尖端处剪一个小口。

5 将剩余蛋白霜装入裱花袋里，用剪刀在裱花袋尖端处剪一个小口。

6 取烤盘铺上一层粟粉，再用鸡蛋模具轻轻按压出数个凹槽。

7 往凹槽内挤上蛋白霜，再用草莓霜点缀出可爱的猫爪造型，放入冰箱冷冻约15分钟。

8 取出冻好的棉花糖，再裹上薄薄的一层粟粉即可。

抹茶巧克力

材料

淡奶油 60 克

抹茶粉 6 克

白巧克力 100 克

成品数量

5 个

制作流程

1 将淡奶油倒入平底锅中，用小火加热。

2 倒入抹茶粉，搅拌至呈糊状，关火待用。

3 将白巧克力切碎后装入小钢锅中，再隔热水搅拌至熔化。

4 将抹茶糊倒入小钢锅中，快速搅拌均匀，即成抹茶巧克力液。

5 取玛德琳模具，依次倒入抹茶巧克力液。

6 放入冰箱冷藏约2个小时至成形即可。

◎ 美味笔记

抹茶巧克力做好后应尽快食用，以免软化，影响食用口感。

草莓巧克力

材料

　　白巧克力碎 100 克

　　黑巧克力碎 100 克

　　草莓（6个）67 克

　　防潮糖粉少许

　　可食用银珠少许

成品数量

　　6个

◎ 美味笔记

制作前需将草莓表面的水
汽擦干。

制作流程

1 将白巧克力碎装入碗中，隔热水搅拌至熔化；将黑巧克力碎装入碗中，隔热水搅拌至熔化。

2 将所有草莓蒂以下的部分先沾裹上熔化的白巧克力。

3 将一半的草莓倾斜着沾裹上熔化的黑巧克力，再将沾上了黑巧克力的另一半草莓也同样按照倾斜的方式沾裹上黑巧克力，制成爱心状的图案。

4 将熔化的白巧克力装入裱花袋，用剪刀在裱花袋尖端处剪一个小口；将熔化的黑巧克力装入裱花袋，用剪刀在裱花袋尖端处剪一个小口。

5 将白巧克力挤在只沾裹了白巧克力的草莓上，做出蕾丝边，再放上一颗可食用银珠。

6 将黑巧克力挤在剩余草莓上，做出蝴蝶结和扣子。

7 将防潮糖粉筛在草莓上即可。

第四章

冷冻速成点心：
派、挞、酥皮

冰箱的作用，不只是为了冷藏，
还可以冷冻面团，
制作前取出已经做好的面团，
这样可以大大节省制作时间，
事半功倍。

南瓜派

材料

咸酥皮面团 350 克

低筋面粉少许

派馅：

南瓜 100 克

美乃滋 35 克

黑胡椒粉少许

菇娘果 1 个

成品数量

1 个

制作流程

1 咸酥皮面团放在撒有少许低筋面粉的砧板上。

2 用擀面杖擀成厚薄一致的薄面皮。

3 用慕斯圈按压出一个圆片，将圆片面皮放在烤盘中间。

4 用刀在面皮边缘间隔划上长约1.5厘米的口子。

5 将划开的面皮往中间卷起。

6 用叉子均匀地在面皮中间插上一些孔，制成派皮。

7 将60克南瓜切块后装入小玻璃碗中，蒸熟后取出，用擀面杖轻轻将南瓜块捣成泥。

8 将南瓜泥铺在派皮上，再用叉子抹匀、抹平。

9 将剩余南瓜切成片，摆放在南瓜泥上。

10 将美乃滋装入裱花袋，再用剪刀在裱花袋尖端处剪一个小口，将美乃滋挤在面皮上。

11 再撒上黑胡椒粉，放入已预热至180℃的烤箱中层，烤约15分钟至上色。

12 取出烤好的南瓜派，放上菇娘果装饰即可。

◎ 美味笔记

作为一款咸酥口味的派，美乃滋和黑胡椒很好地中和了南瓜自带的甜味。需注意的是面皮边缘不要切太大，以免派皮过厚，不容易烤熟。

黄桃派

材料

基础挞派皮面团 250 克

派馅：

淡奶油 100 克

细砂糖 10 克

黄桃丁 100 克

成品数量

1 个

制作流程

1 用保鲜膜将基础挞派皮面团包起来，再用擀面杖将面团擀成薄面皮，撕开保鲜膜。

2 取模具，将面皮扣在派盘上，再用擀面杖轻擀一下，去掉多余的面皮，用手将面皮捏至厚薄一致，且刚好紧贴在派盘内壁上，制成派皮坯。

3 用叉子在派皮坯上插上几排气孔，再放入已预热至200℃的烤箱中层，烤约17分钟。

4 将淡奶油、细砂糖倒入干净的大玻璃碗中，用电动搅拌器搅打至不易滴落的稠状。

5 用抹刀将打发的淡奶油均匀地抹在派上，再均匀地放上一层黄桃丁即可。

◎ 美味笔记

将淡奶油打至硬性发泡，口感也会有所不同。

肉桂苹果派

材料

基础挞派皮面团 200 克

派馅：

苹果块 160 克

糖粉 50 克

肉桂粉 2 克

无盐黄油 32 克

成品数量

1 个

◎ 美味笔记

注意不要将苹果煮焦，不
然口感会苦涩。

制作流程

1 用保鲜膜将基础挞派皮面团包起来，再用擀面杖
将面团擀成薄面皮，撕开保鲜膜。

2 取模具，将面皮扣在派盘上，再用擀面杖轻擀一
下，去掉多余的面皮，用手将面皮捏至厚薄一
致，且刚好紧贴在派盘内壁上，制成派皮坯。

3 用叉子在派皮坯上插上几排气孔，再放入已预热
至200℃的烤箱中层，烤约17分钟。

4 将糖粉、无盐黄油倒入平底锅中，用中火加热，
用橡皮刮刀搅拌至无盐黄油完全熔化。

5 放入苹果块，翻拌至上色，倒入肉桂粉，煮至沸
腾，即成派馅。

6 取出烤好的派皮，倒入派馅即可。

烤菠萝派

材料

基础挞派皮面团 200 克

杏仁内馅：

无盐黄油 62 克

砂糖 62 克

全蛋液 50 克

杏仁粉 62 克

装饰：

菠萝片 75 克

南瓜子（烤过）少许

草莓 1 个

成品数量

1 个

制作流程

1 基础挞派皮面团用保鲜膜包裹起来，放在操作台上，用擀面杖将其擀成厚薄一致的面皮（厚度约为0.5厘米），撕开保鲜膜。

2 将面皮铺在圆形模具上，用擀面杖擀去模具以外的大部分面皮，再用刮板沿着模具周围将多余的面皮切掉，即成派皮坯。

3 用叉子在派皮坯底部均匀戳上小孔，移入冰箱冷藏5分钟后，再移入已预热至180℃的烤箱中层，烤约18分钟后取出。

4 将无盐黄油和砂糖倒入大玻璃碗中，用手动搅拌器搅拌均匀，倒入杏仁粉，翻拌至无干粉状态，再用手动搅拌器搅打均匀。

5 分三次倒入全蛋液，边倒边搅拌至完全融合的状态，即成杏仁内馅，装入烤好的派皮里，用抹刀抹匀。

6 再将切好的菠萝片放在杏仁内馅上摆成一圈，中间放上对半切开的草莓，撒上切碎的南瓜子作装饰即可。

◎ 美味笔记

加入液体材料时，最好分次，边倒入边搅拌。

巧克力蓝莓派

材料

基础挞派皮面团 200 克

巧克力馅:

巧克力 50 克

淡奶油 100 克

草莓香甜酒 25 毫升

装饰:

蓝莓 80 克

椰丝少许

成品数量

1 个

制作流程

1 基础挞派皮面团用保鲜膜包裹起来,放在操作台上,用擀面杖将其擀成厚薄一致的面皮,撕开保鲜膜。

2 将面皮铺在圆形模具上,用擀面杖擀去模具以外的大部分面皮,再用刮板沿着模具周围将多余的面皮切掉,即成派皮坯。

3 用叉子在派皮坯底部均匀戳上小孔,移入冰箱冷藏5分钟后,再移入已预热至180℃的烤箱中层,烤约18分钟后取出。

4 将巧克力装入小钢盆里,隔水加热,不停搅拌使之完全熔化。

5 依次倒入淡奶油、草莓香甜酒,以软刮刀拌匀,即成巧克力馅。

6 将巧克力馅装入烤好的派皮里,用抹刀抹匀,放上洗净的蓝莓,在派皮周围撒上椰丝作装饰即可。

田园野菇派

材料

    咸酥皮面团 350 克

野菇派馅：

    口蘑、蟹味菇各 25 克

    香菇、荷兰豆各 15 克

    无盐黄油 25 克

    黑胡椒粉 1 克

    盐 1 克

    奶酪片 1 片

    牛奶 35 毫升

    全蛋液 30 克

成品数量

    2 个

制作流程

1 操作台上铺上保鲜膜，放上咸酥皮面团，用擀面杖擀成厚薄一致的薄面皮。

2 提起面皮倒扣在模具上，用擀面杖按压掉模具外多余的面皮。

3 轻轻捏几下模具的内壁，用刀修一下模具边沿的面皮。

4 再用叉子在面皮上均匀地插上一些孔，放入冰箱冷藏约30分钟，制成派底。

5 将香菇、口蘑切成片。

6 荷兰豆、奶酪片切成小丁。

7 将一半的无盐黄油放入平底锅中，中火加热至熔化，倒入蟹味菇、香菇片、口蘑片，炒至食材变软，盛出。

8 平底锅中再放入剩余无盐黄油，加热至熔化，倒入荷兰豆丁，翻炒至变色。

9 倒入黑胡椒粉、盐，再倒入炒好的蘑菇片，继续翻炒至食材熟软、入味，制成野菇派馅，盛出。

10 取出冷藏好的派底，盛入炒好的野菇派馅。

11 将牛奶、全蛋液倒入大玻璃碗中，用手动搅拌器搅拌均匀，制成牛奶蛋液，倒在派底上。

12 再放上切好的奶酪丁，制成派坯，放入已预热至210℃的烤箱中层，烤约28分钟至上色即可。

◎ 美味笔记

捏好的派底冷藏过就不易出油，所以捏好派底后，先插好透气孔，再放入冰箱冷藏。

糯米红豆派

材料

基础挞派皮面团 180 克

可食用金箔纸少许

红豆麻薯馅：

糯米粉 100 克

麦芽糖 15 克

细砂糖 20 克

蜜豆 50 克

蛋白霜：

蛋白 100 克

细砂糖 105 克

成品数量

1 个

制作流程

1 基础挞派皮面团擀成厚薄一致的薄面皮，扣在模具上，压掉模具外多余的面皮，用叉子均匀插上一些孔，放入预热至180℃的烤箱中，烤约25分钟后取出。

2 将20克细砂糖、40毫升清水倒入平底锅中，用中火煮至沸腾，倒入室温软化的麦芽糖拌均匀。

3 将糖液倒入装有糯米粉的大玻璃碗中，翻拌成无干粉状态的面团，分成10克一个的小面团，再搓圆。

4 锅中倒入适量清水煮至沸腾，放入小面团，煮至熟软，捞出后过一遍凉水，即成麻薯，和蜜豆一起放在派皮上。

5 将105克细砂糖、40毫升清水倒入平底锅中，边加热边搅拌，煮至沸腾，关火。

6 将蛋白用电动搅拌器搅打至湿性发泡，缓慢倒入煮好的糖液，均匀打至九分发，制成蛋白霜。

7 将蛋白霜装入裱花袋里，在红豆麻薯馅上挤出网状，再沿着派皮边缘挤出花状，用喷枪烘烤一下表面，用可食用金箔纸作点缀即可。

◎ 美味笔记

打蛋白时要边倒糖水边用电动搅拌器快速搅拌。

巧克力枫糖核桃派

材料

基础挞派皮面团 230 克

可可粉少许

透明镜面果胶适量

柠檬汁、朗姆酒、开心果各适量

枫糖核桃馅：

全蛋液 130 克

枫糖浆 40 克

黑糖、蜂蜜各 15 克

盐 0.5 克

香草荚、玉米淀粉各 5 克

无盐黄油（热熔）25 克

君度力娇酒 20 毫升

核桃、香草精各适量

成品数量

2 个

制作流程

1 可可粉和清水和匀，倒入基础挞派皮面团中，揉匀，分出2个小面团并将面团揉圆揉均匀，擀成面皮。

2 将面皮放进模具里并沿着边缘贴合好，去除多余的皮，用叉子在派皮上戳出几个小洞。

3 将核桃放入预热至160℃的烤箱中，烘烤15~20分钟，放凉并切碎。

4 将打散后的全蛋液、枫糖浆、蜂蜜、黑糖、香草精、盐、香草荚用橡皮刮刀搅拌均匀，再依次倒入玉米淀粉、熔化后的无盐黄油、君度力娇酒、烤核桃碎拌均匀。

5 将枫糖核桃馅倒入派皮中，约九分满，再放上整粒的核桃，放入预热至170℃的烤箱中，烘烤约15分钟，出炉，放凉脱模。

6 将透明镜面果胶加热至熔化，加入柠檬汁和朗姆酒混合均匀，刷在派表面，点缀开心果碎即可。

夏威夷派

材料

咸酥皮面团 180 克

无盐黄油适量

派馅：

番茄酱 35 克

火腿 40 克

菠萝 100 克

香菇 25 克

马苏里拉奶酪 30 克

成品数量

1 个

制作流程

1 操作台上铺上保鲜膜，放上咸酥皮面团，用擀面杖擀成厚薄一致的薄面皮，提起面皮倒扣在模具上，用擀面杖按压掉模具外多余的面皮。

2 轻轻捏几下模具的内壁，用刀修一下模具边沿的面皮，再用叉子均匀插上一些孔，放入冰箱冷藏约30分钟，制成派皮。

3 将菠萝切成小块；香菇切成片；马苏里拉奶酪切成细条；火腿切成小块。

4 平底锅中放入无盐黄油，开中火加热至熔化，倒入切好的火腿块，用橡皮刮刀翻炒均匀至上色，倒入香菇片，翻炒均匀，倒入菠萝块，翻炒至熟软，盛出待用。

5 取出冷藏好的派皮，在派皮上刷上一层番茄酱，盛入炒好的食材，铺上一层马苏里拉奶酪条，刷上剩余的番茄酱，再放上一层马苏里拉奶酪条，制成派坯。

6 将派坯放入已预热至230℃的烤箱中层，烤约10分钟至上色即可。

◎ 美味笔记

在食材的选择上，番茄沙司更细腻，番茄酱则果肉更多，可按个人喜好选择。

香蕉太妃派

材料

基础挞派皮面团 250 克

香蕉太妃馅：

糖粉 25 克

细砂糖 55 克

淡奶油 235 克

蜂蜜 55 克

香蕉（1 根）120 克

装饰：

淡奶油 150 克

开心果碎少许

成品数量

1 个

制作流程

1 基础挞派皮面团擀成薄面皮，扣在模具上，压掉多余的面皮，再用叉子均匀戳上一些孔，放入已预热至180℃的烤箱中层，烤约25分钟，取出。

2 将细砂糖、糖粉、蜂蜜倒入平底锅中，开小火，倒入淡奶油，边加热边用橡皮刮刀搅拌，熬煮至呈浓稠状，离火，待用。

3 香蕉去皮，切丁，倒入平底锅中拌匀，制成香蕉太妃馅，倒入派皮中。

4 用喷枪烘烤一下表面，使之呈焦糖色，放入冰箱冷藏约10分钟。

5 将装饰材料中的淡奶油用电动搅拌器搅打至九分发，装入套有圆齿裱花嘴的裱花袋里，用剪刀在裱花袋尖端处剪一个小口。

6 将打发的淡奶油沿着派皮边缘挤出螺旋花纹，撒上少许开心果碎作装饰即可。

流心奶酪挞

材料

基础挞派皮面团 150 克

蛋黄液少许

挞馅：

奶油奶酪 100 克

炼奶 15 克

细砂糖 25 克

淡奶油 60 克

柠檬汁 3 毫升

玉米淀粉 3 克

成品数量

4 个

制作流程

1 取挞模具，将基础挞派皮面团分成四等份后放进模具内。

2 用手将面团捏至厚薄一致，且刚好紧贴在模具内壁上，制成挞皮坯。

3 用叉子在挞皮坯上戳上几排孔。

4 将挞皮坯放在烤盘上，再将烤盘放入已预热至200℃的烤箱中层，烤约17分钟。

5 将奶油奶酪装入大玻璃碗中，用电动搅拌器搅打出纹路。

6 倒入炼奶、细砂糖、淡奶油，再次用电动搅拌器搅打均匀。

7 倒入柠檬汁，用橡皮刮刀翻拌均匀。

8 倒入玉米淀粉，用手动搅拌器快速搅拌均匀至无干粉状态，制成挞馅。

9 将挞馅装入裱花袋，用剪刀在裱花袋尖端处剪一个小口。

10 取出烤好的挞皮，将挞馅挤在挞皮上，制成流心奶酪挞坯，放入冰箱冷冻2个小时至变硬。

11 取出冷冻好的挞坯，用毛刷蘸上蛋黄液刷在挞坯表面。

12 将流心奶酪挞坯放在烤盘上，放入已预热至180℃的烤箱中层，烤约10分钟，取出冷却即可。

◎ 美味笔记

烘烤5分钟后将烤盘转一次方向，使成品受热更均匀。取出后最好连模具一起冷却，以免取出的挞碎裂。

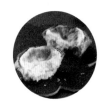

草莓挞

材料

基础挞派皮面团 100 克

无盐黄油少许

低筋面粉少许

挞馅:

草莓果酱 3 克

淡奶油 100 克

细砂糖 50 克

装饰:

草莓块适量

薄荷叶适量

成品数量

4 个

制作流程

1 模具内刷上少许无盐黄油，撒上少许低筋面粉。

2 取出基础挞派皮面团，撕掉保鲜膜，将面团分成 25 克一个的小面团，揉匀后放在模具里，用手将面团捏至与模具内壁贴合紧密。

3 放入已预热至180℃的烤箱中层，烤约25分钟。

4 将淡奶油装入大玻璃碗中，放入细砂糖，用电动搅拌器搅打至九分发，放入草莓果酱，翻拌均匀，即成挞馅，装入裱花袋中。

5 将草莓切成小块。

6 把挞馅挤入烤好的挞皮中，再装饰上草莓块、薄荷叶即可。

◎ **美味笔记**

将裱花袋垂直对准挞皮挤入挞馅，可减少气泡形成。

坚果挞

材料

基础挞派皮面团 105 克

薄荷叶、无盐黄油各少许

低筋面粉少许

坚果：

核桃仁碎 30 克

蔓越莓干、蓝莓干各 15 克

杏仁 20 克

玉米片 15 克

焦糖馅：

细砂糖、蜂蜜各 50 克

糖粉 20 克

淡奶油 100 克

成品数量

3 个

制作流程

1 取模具，刷上少许无盐黄油，再撒上少许低筋面粉。

2 取出冷藏好的基础挞派皮面团，将面团分成35克一个的小面团，再搓成球，放入模具内，轻轻捏几下使之紧贴模具的内壁。

3 再用叉子均匀插上一些孔，放入已预热至180℃的烤箱中层，烤约25分钟即可。

4 将细砂糖、糖粉、蜂蜜倒入平底锅中，开小火，边加热边用橡皮刮刀搅拌，煮至沸腾，缓慢倒入淡奶油，搅拌均匀，开小火，将锅中材料拌煮成浓稠的糊状，制成焦糖馅。

5 将核桃仁碎、蔓越莓干、蓝莓干、杏仁、玉米片装入大玻璃碗中，放入焦糖馅，翻拌均匀，制成坚果焦糖馅。

6 取出烤好的挞皮，放凉至室温，将坚果焦糖馅装入挞皮内，再放上薄荷叶作装饰即可。

柠檬蛋白挞

材料

基础挞派皮面团 150 克

开心果碎适量

薄荷叶适量

柠檬卡仕达酱：

蛋黄 3 个

全蛋 1 个

白砂糖 130 克

柠檬汁 60 毫升

柠檬皮屑 2 克

黄油 155 克

蛋白霜：

蛋白 60 克

白砂糖 120 克

成品数量

2 个

制作流程

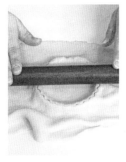   

1 将基础挞派皮面团擀成厚薄一致的薄面皮,撤掉保鲜膜,扣在模具上,用擀面杖按压掉模具外多余的面皮。

2 轻轻捏几下面皮,使之紧贴模具的内壁,再用叉子均匀戳上一些孔,放入已预热至180℃的烤箱中层,烤约25分钟。

3 将蛋黄、全蛋、130克白砂糖、柠檬汁、柠檬皮屑用搅拌器搅拌至糖溶化,倒入锅中,开火,拌煮3分钟。

4 关火,放入黄油搅拌至熔化,倒出,裹好保鲜膜,放入冰箱冷藏冷却。

5 锅中倒入30毫升清水和90克白砂糖,中火煮至熔化,关火冷却。

6 把蛋白用电动搅拌器打至表面产生小泡沫,倒入30克白砂糖,搅拌至拉起搅拌器时蛋白液呈尖角形状。

7 把糖浆分次倒入蛋白中,继续搅拌至蛋白霜变光滑,装入裱花袋。

8 把柠檬卡仕达酱倒入挞皮中,挤入蛋白霜,放入烤箱,以180℃烤3~5分钟,取出,冷藏2小时,点缀开心果碎、薄荷叶即可。

◎ 美味笔记

有喷火枪可直接在挞表面喷片刻,这样成品表面会有漂亮的炙烤色泽,还有少许焦糖味。

樱桃开心果挞

材料

基础挞派皮面团 120 克

开心果杏仁奶油馅:

杏仁粉 100 克

全蛋液 70 克

开心果酱 40 克

无盐黄油 100 克

糖粉 80 克

装饰:

糖渍樱桃 60 克

卡仕达奶油酱 120 克

罐头樱桃 80 克

透明镜面果胶 8 克

君度力娇酒 6 毫升

柠檬汁、薄荷叶各适量

成品数量

3 个

制作流程

1 基础挞派皮面团擀成厚度为1厘米的薄面皮,扣在模具上,用擀面杖擀一下面皮,去掉多余的面皮。

2 再用手按压模具上的面皮使之与模具贴合更紧密,用叉子均匀戳上几排孔,制成挞皮坯。

3 在室温软化的无盐黄油中筛入糖粉、杏仁粉,翻拌均匀,分4次倒入全蛋液,翻拌均匀。

4 倒入开心果酱,用橡皮刮刀翻拌均匀,制成开心果杏仁奶油馅,装入裱花袋里,待用。

5 挞皮坯放在烤盘上,挤入开心果杏仁奶油馅,点缀糖渍樱桃,移入已预热至170℃的烤箱中层,烤约35分钟,制成樱桃开心果挞。

6 将柠檬汁、君度力娇酒倒入装有透明镜面果胶的碗中,用橡皮刮刀搅拌均匀,制成透明镜面果胶液。

7 取出烤好的樱桃开心果挞,晾凉至室温后脱模,将卡仕达奶油酱抹在樱桃开心果挞表面上,放上罐头樱桃,刷上拌匀的透明镜面果胶液,放上一片薄荷叶作装饰即可。

◎ 美味笔记

使用新鲜樱桃制作别有风味。

魔法水果挞

材料

基础挞派皮面团 150 克

奶油香草酱:

牛奶 100 毫升

细砂糖 25 克

蛋黄 (1 个) 22 克

低筋面粉、玉米淀粉各 5 克

香草精 1.5 克

淡奶油 80 毫升

装饰:

无盐黄油 10 克

杧果 1 个

开心果碎少许

成品数量

2 个

制作流程

1 将基础挞派皮面团搓圆放进挞盘内,捏至紧贴在挞盘内壁上,削去多余的面皮,戳上几排孔,制成挞皮坯,放入冰箱冷冻10分钟,取出后放在烤盘上,放入预热至180℃的烤箱中,烤约15分钟,取出,脱模。

2 将蛋黄、低筋面粉、玉米淀粉、细砂糖、香草精倒入大玻璃碗中,用手动搅拌器搅拌均匀,倒入一半的牛奶,继续搅拌均匀。

3 将剩余牛奶倒入平底锅中,加热至沸腾,倒入大玻璃碗中,边倒边搅拌均匀,倒回平底锅中,加热搅拌至黏稠状态,制成香草酱,盛出,待用。

4 将淡奶油用电动搅拌器搅打至九分发,倒入香草酱,搅拌均匀,制成奶油香草酱,装入裱花袋里;杧果去皮,切成片,卷成玫瑰花状。

5 将隔热水搅拌至熔化的无盐黄油刷在挞皮表面上,挤上奶油香草酱,点缀开心果碎,放上杧果片和玫瑰花即可。

石榴挞

材料

基础挞派皮面团 150 克

防潮糖粉适量

石榴（1 个）190 克

挞馅：

低筋面粉 13 克

蛋黄液 36 克

牛奶 220 毫升

淡奶油 100 克

无盐黄油 23 克

细砂糖 50 克

玉米淀粉 5 克

成品数量

3 个

制作流程

1 基础挞派皮面团擀成薄面皮。

2 倒扣在模具上，用擀面杖按压掉模具外多余的面皮。

3 再用叉子均匀戳上一些孔。

4 使之紧贴模具的内壁，放入已预热至180℃的烤箱中层，烤约25分钟，取出。

5 将淡奶油装入大玻璃碗中，用电动搅拌器搅打至九分发，待用。

6 将牛奶和无盐黄油倒入平底锅中，用中火加热至沸腾。

7 将蛋黄液倒入另一大玻璃碗中，放入细砂糖，用手动搅拌器搅拌均匀。

8 筛入低筋面粉、玉米淀粉，用手动搅拌器搅拌均匀至无干粉状态。

9 将平底锅中的材料缓慢倒入大玻璃碗中，边倒边用手动搅拌器搅拌均匀。

10 再倒回平底锅中，边加热边快速搅拌成糊状，关火，放凉至室温。

11 将面糊和打发的淡奶油翻拌均匀，制成挞馅，装入裱花袋中，挤在烤好的挞皮上至八分满。

12 放上剥好的石榴粒，筛上一层防潮糖粉即可。

◎ 美味笔记

剥石榴时可先将顶部去掉一块，按薄膜的位置划开，这样剥起来更轻松。

酥皮蛋挞

材料

全蛋（2个）110克

细砂糖50克

香草精1克

牛奶100克

酥皮挞皮6个

淡奶油适量

成品数量

6个

制作流程

1 将全蛋倒入大玻璃碗中，用手动搅拌器搅拌均匀。

2 将牛奶、细砂糖、香草精倒入平底锅中，用中火加热，边加热边用手动搅拌器搅拌至细砂糖完全熔化。

3 将拌匀的牛奶缓慢倒入装有全蛋液的大玻璃碗中，边倒边搅拌均匀。

4 大玻璃碗中再倒入淡奶油，继续搅拌均匀，过筛至另一个大玻璃碗中，制成蛋挞液。

5 取烤盘，放上已铺酥皮挞皮的蛋挞模具，倒上蛋挞液，放入已预热至200℃的烤箱中层，烤约5分钟。

6 再将烤箱温度调为170℃，续烤15分钟至上色即可。

◎ **美味笔记**

烤前在挞皮底部戳几排小孔，可以防止烤制时鼓起。

酥皮椰挞

材料

低筋面粉 25 克

高筋面粉 20 克

绵白糖 120 克

淡奶油 40 克

香草精 0.5 克

椰丝粉 70 克

椰子粉 16 克

无盐黄油 50 克

酥皮挞皮 6 个

无盐黄油（装饰用）15 克

成品数量

6 个

制作流程

1 将绵白糖、淡奶油、香草精倒入大玻璃碗中，用手动搅拌器搅拌均匀，倒入椰丝粉拌匀。

2 将50克无盐黄油隔热水搅拌至熔化后倒入大玻璃碗中，用手动搅拌器将碗中材料搅拌均匀。

3 将低筋面粉、高筋面粉、椰子粉过筛至碗中，用手动搅拌器搅拌至无干粉状态，制成椰挞糊。

4 取烤盘，放上已铺酥皮挞皮的蛋挞模具，用勺子舀入椰挞糊。

5 将装饰用无盐黄油隔热水搅拌至熔化后倒入裱花袋中，用剪刀在裱花袋尖端处剪一个小口，将熔化的装饰用无盐黄油挤在椰挞上。

6 将烤盘放入已预热至200℃的烤箱中层，烤约15分钟至上色即可。

可颂面包

材料

酥皮 200 克

全蛋液适量

成品数量

6 个

制作流程

1 取酥皮，用擀面杖擀成长60厘米、宽25厘米的长方形，放上腰长10厘米、底长15厘米的等腰三角形纸片，切出大小一致的等腰三角形酥油面皮。

2 等腰三角形酥油面皮的顶点朝向自己，将其正中间到顶点部分的面皮慢慢拉长，一手拿着三角顶点部分的酥油面皮，由上往下卷到1/2处，再改用双手滚动面皮两端卷到底，制成面包坯。

3 将面包坯放在烤盘上，往其表面喷少许清水，放入已预热至32℃的烤箱，发酵约60分钟。

4 取出发酵好的面包坯，用刷子将全蛋液刷在面包坯表面，放入已预热至200℃的烤箱中层，烤约15分钟至上色即可。

◎ 美味笔记

酥皮不要卷太紧，以免烘烤时不能膨胀。

可颂甜甜圈

材料

酥皮 200 克

全蛋液适量

成品数量

6 个

制作流程

1 取酥皮，用擀面杖将其擀成长60厘米、宽25厘米的长方形。

2 再切成相同大小的正方形酥油面皮，对半折起。

3 用圆形模具在中部压出孔洞，放在烤盘上，往其表面喷少许清水。

4 放入已预热至32℃的烤箱，发酵约60分钟。

5 取出发酵好的面包坯，用刷子将全蛋液刷在面包坯表面。

6 放入已预热至200℃的烤箱中层，烤约15分钟至上色即可。

◎ 美味笔记

制作这款点心时，需要把酥皮对半折叠起，所以不要擀太厚。

巧克力可颂面包

材料   成品数量

 酥皮 200 克   6 个

 入炉巧克力 60 克

 全蛋液适量

制作流程

1 取酥皮，用擀面杖将酥皮面团擀成长60厘米、宽25厘米的长方形。

2 再切成相同大小的正方形酥油面皮。

3 放上入炉巧克力。

4 将酥皮卷起，制成面包坯。

5 将面包坯放在烤盘上，间隔一定距离。

6 往其表面喷少许清水，放入已预热至30℃的烤箱，发酵约60分钟。

7 取出发酵好的面包坯，用刷子将全蛋液刷在面包坯表面。

8 放入已预热至200℃的烤箱中层，烤约15分钟至上色即可。

◎ 美味笔记

卷起酥皮时无须太过用力，否则烤制时，容易导致酥皮膨胀不起来，内部夹生或断裂。

玲珑桥

材料

酥皮 350 克

黑橄榄 70 克

奶油奶酪 120 克

淡奶油 40 毫升

细砂糖 20 克

蛋糕坯适量

全蛋液适量

糖粉适量

成品数量

1 个

制作流程

1 把酥皮切割成12厘米×22厘米（皮）和14厘米×22厘米（底）的两片片状。

2 在12厘米×22厘米（皮）的酥皮上切上交错但不断的竖条口，拉伸成网状。

3 把细砂糖、奶油奶酪和淡奶油倒入玻璃碗中搅拌均匀，制成奶酪馅。

4 把14厘米×22厘米（底）的酥皮铺在烤盘上，放上蛋糕坯，把奶酪馅抹在蛋糕坯上，再铺上黑橄榄。

5 用刷子在底的边缘和网皮上刷上水，把网皮盖在底上并整理成形，放入预热至30℃的烤箱，烤箱下层放一盘水，醒发约40分钟。

6 醒发好后刷上全蛋液，以上火190℃、下火170℃烘烤约15分钟。

7 取出烤好的玲珑桥，放置冷却，筛上糖粉即可。

◎ 美味笔记

切网格酥皮时，注意小口不要切断或延伸太长，以免不能成形。

126

果酱千层酥

材料

酥皮 300 克

果酱适量

全蛋液适量

成品数量

6 个

制作流程

1 把酥皮均匀切成正方形面皮。

2 对折面皮，在距离两边1厘米处切开，但不切断。

3 打开面皮，将两边酥皮条扭起。

4 刷上全蛋液，把果酱放入酥皮中。

5 把酥皮放入垫有烘焙纸的烤盘中。

6 把烤盘放入以上火180℃、下火160℃预热好的烤箱中。

7 烘烤约20分钟，至表面金黄色，取出装盘即可。

◎ 美味笔记

扭起酥皮条后不要用力按压，以免烘烤时膨胀不起来。

拿破仑

材料

    酥皮 200 克

    淡奶油适量

    新鲜水果丁适量

成品数量

    2 个

制作流程

1 以上火180℃、下火160℃预热烤箱。

2 烤盘上垫烘焙纸，放上酥皮，用餐叉戳上一排排小洞，以免烤的时候酥皮隆起。

3 把烤盘放进预热好的烤箱中烘烤约20分钟，至酥皮表面微金黄，取出晾凉待用。

4 用电动搅拌器将淡奶油打发好，待用。

5 酥皮放至温热时，切成大小均匀的长方块。

6 先在盘上放一片酥皮，将打发好的奶油装入裱花袋中，用裱花嘴在酥皮上挤出花形。

7 放上切好的新鲜水果丁。

8 再放上第二层酥皮，挤上奶油，铺新鲜水果丁，最后再铺上一块酥皮，同样用水果丁和奶油装饰即可。

◎ 美味笔记

除了打发的淡奶油，中间夹心馅还可以用卡仕达酱、果酱或奶酪酱代替。

第五章

用其他工具做出的
美味点心

制作美味点心的器材，

除了常见的烤箱、冰箱，

还有煎锅、蒸锅，

以及各种特制形状的电饼铛。

用这些工具制作点心，

时间、火候、材料的使用也各有讲究。

杂果蜂蜜松饼

材料

松饼：

牛奶 120 毫升

细砂糖 53 克

低筋面粉 110 克

全蛋 30 克

蜂蜜 23 克

无盐黄油 15 克

泡打粉 1.5 克

食用油适量

装饰：

火龙果粒 15 克

蓝莓、草莓粒各 10 克

已打发的淡奶油适量

防潮糖粉少许

成品数量

1 个

制作流程

1 将牛奶、全蛋倒入大玻璃碗中，用手动搅拌器搅拌均匀，倒入细砂糖、蜂蜜，搅拌均匀。

2 将低筋面粉、泡打粉过筛至大玻璃碗里，搅拌成无干粉状态的面糊，倒入隔热水熔化的无盐黄油，搅拌均匀成能挂浆的面糊。

3 平底锅擦上少许食用油后加热，倒入适量面糊，用中火煎约1分钟至定型，继续煎一会儿，翻面，再改小火煎约1分钟至底部呈金黄色，即成蜂蜜松饼；依此法再煎出两块蜂蜜松饼，盛出煎好的蜂蜜松饼，待用。

4 将已打发的淡奶油装入裱花袋，在裱花袋尖端处剪一个小口，将打发的淡奶油用画圈的方式由内往外挤在蜂蜜松饼上，边缘摆上火龙果粒、草莓粒、蓝莓粒。

5 盖上另一块蜂蜜松饼，用同样的方式挤上已打发的淡奶油，再摆上火龙果粒、草莓粒、蓝莓粒。

6 盖上最后一块蜂蜜松饼，再放上火龙果粒、草莓粒、蓝莓粒作装饰，筛上一层防潮糖粉即可。

◎ 美味笔记

面糊做好后先放置一会儿，稍微发酵。

可丽饼

材料

饼皮：

低筋面粉 100 克

细砂糖 10 克

盐 1 克

全蛋（3 个）153 克

牛奶 70 毫升

无盐黄油 20 克

橄榄油适量

奶油馅：

淡奶油、牛奶各 150 毫升

细砂糖 30 克

低筋面粉 20 克

蛋黄（2 个）34 克

草莓适量

成品数量

2 个

制作流程

1 将全蛋装入碗中，用手动搅拌器搅散，筛入低筋面粉、细砂糖、盐，用手动搅拌器搅拌均匀。

2 把20克无盐黄油隔热水熔化后倒入碗中，搅拌均匀，再倒入牛奶，搅拌均匀，即成可丽饼面糊，盖上保鲜膜，静置约30分钟。

3 将平底锅稍稍烧热，用纸巾蘸取适量橄榄油擦匀，舀入适量可丽饼面糊，煎至成形，即为饼皮。

4 将牛奶、20克细砂糖倒入平底锅中，中火加热至熔化，倒入装着蛋黄的碗中，搅拌均匀，倒入低筋面粉，搅拌均匀，倒回平底锅中，改小火，边加热边不停搅拌至面糊变得浓稠，盛出待用。

5 将淡奶油、10克细砂糖打至六分发，倒入面糊中，继续搅打均匀，制成奶油馅，装入套有圆齿裱花嘴的裱花袋里。

6 取饼皮对折，挤上奶油馅，放上草莓，再挤上一圈奶油馅作装饰，食用时卷起即可。

榴梿班戟

材料

榴梿肉 200 克

无盐黄油 100 克

牛奶 250 毫升

玉米淀粉 30 克

淡奶油 300 克

食用油适量

全蛋 3 个

低筋面粉 50 克

糖粉（饼皮用）25 克

糖粉（夹心用）20 克

成品数量

4 个

制作流程

1 将无盐黄油隔水熔化。

2 把牛奶倒入碗中，再加入低筋面粉、糖粉（饼皮用）、玉米淀粉搅匀。

3 将全蛋用手动搅拌器打散，分两次倒入面糊中。

4 搅拌均匀后，将面糊过筛。

5 取下无盐黄油，把小部分面糊倒入其中搅拌均匀，进行乳化（看不见油）。

6 乳化后再倒回面糊里混合均匀，待面糊里气泡消失。

7 平底锅不沾水小火预热，倒入少量食用油、面糊，晃匀面糊煎饼皮，单面煎熟。

8 煎好的饼皮层叠起来用油纸包好，放入冰箱冷藏30分钟。

  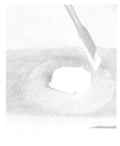 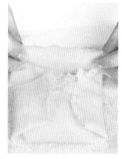

9 在淡奶油中加糖粉（夹心用）打至硬性发泡。

10 榴梿肉压成榴梿肉泥。

11 取一张饼皮，光滑面朝下，放入打发好的淡奶油。

12 再放入榴梿泥，将四面折起，包好即可。

◎ 美味笔记

煎面糊时要小心，可先薄薄地摊一层，然后再慢慢加厚。

草莓夹心卷

材料

低筋面粉 25 克

全蛋 80 克

牛奶 80 毫升

细砂糖 23 克

玉米淀粉 15 克

无盐黄油 5 克

已打发淡奶油 150 克

草莓丁 30 克

成品数量

2 个

制作流程

1 将全蛋、细砂糖装入干净的大玻璃碗中，用手动搅拌器搅拌至混合均匀。

2 将低筋面粉、玉米淀粉过筛至大玻璃碗中，用手动搅拌器快速搅拌均匀。

3 倒入事先隔热水熔化的无盐黄油，搅拌均匀，倒入牛奶，搅拌均匀，即成面糊。

4 盖上保鲜膜，放入冰箱冷藏约30分钟后，取出冷藏好的面糊，再过筛至干净的玻璃碗中。

5 取适量面糊倒入平底锅中，用小火煎至成形，翻一面，再稍稍煎一小会儿，盛出煎好的面饼。按照相同方法，煎完剩余面糊。

6 取一片面饼，均匀地涂抹上适量已打发的淡奶油，均匀地撒上一层草莓丁，再卷成卷。

7 另取一片面饼，涂上已打发的淡奶油，撒上草莓丁，放上制好的草莓卷，继续卷成卷，即完成草莓夹心卷的制作。

◎ 美味笔记

动物性奶油冷藏后更易打发，但要注意不能打发过度，否则难以成形。

柠檬杬果千层蛋糕

材料

低筋面粉 85 克

细砂糖 45 克

牛奶 210 毫升

全蛋 90 克

杬果 200 克

淡奶油 245 克

君度力娇酒 5 毫升

浓缩柠檬汁 10 毫升

食用油适量

成品数量

1 个

制作流程

1 在搅拌盆中筛入低筋面粉，再加入20克细砂糖，搅拌均匀，倒入90毫升牛奶、65克淡奶油及全蛋，用手动搅拌器搅拌至无颗粒状态。

2 再倒入120毫升牛奶，搅拌均匀，用筛网过滤，静置30分钟，制成面糊。

3 取一平底锅，在锅内抹少许食用油，将适量的面糊放入其中，摊成面皮，共需摊9张面皮。

4 杬果去皮去核，切块，备用。

5 将淡奶油180克与细砂糖25克倒入搅拌盆中，用电动搅拌器快速打发，加入君度力娇酒和浓缩柠檬汁，搅拌均匀。

6 取一个盘子，将面皮放在盘底，涂一层打发的奶油，放上一层杬果，再放一层面皮，重复此步骤，完成后放入冰箱冷藏即可。

国王烘饼

材料

无盐黄油 45 克

糖粉 40 克

盐 1 克

低筋面粉 60 克

泡打粉 1 克

杏仁粉 3 克

蛋黄 25 克

蛋黄液少许

成品数量

6 个

制作流程

1 将无盐黄油倒入大玻璃碗中，用电动搅拌器搅打均匀，筛入糖粉，以软刮刀翻拌至无干粉的状态，加入蛋黄，继续搅拌均匀，倒入盐，拌匀。

2 将低筋面粉、泡打粉、杏仁粉过筛至大玻璃碗里，再次翻拌至无干粉的状态，揉搓成面团，压成饼状，待用。

3 操作台上铺上保鲜膜，放上面团后用保鲜膜包裹，再用擀面杖擀成厚薄一致的面皮，打开保鲜膜，用圆形模具按压出数个饼干坯。

4 用剪刀将高温布修剪成与平底锅底一般大小，再将高温布铺在置于灶台上的平底锅底上，放上饼干坯。

5 刷上少许蛋黄液，用叉子在饼干坯上划出纹路，盖上锅盖，用小火烘烤约10分钟即可。

◎ 美味笔记

制成面饼后，最好放入冰箱醒2~3小时。

笑口酥

材料

低筋面粉 500 克

白糖 250 克

蛋黄 1 个

食用油 50 毫升

食粉 3 克

白芝麻适量

成品数量

9 个

◎ 美味笔记

油炸时，最好将油温保持在160℃。

制作流程

1 把低筋面粉倒在案台上，加入白糖，混合均匀，用刮板开窝，倒入蛋黄、食粉，搅匀。

2 加入少许清水，搅匀，倒入食用油，搅匀。

3 刮入面粉，混合均匀，分数次加入少许清水，搅匀，搅成糊状，揉搓成光滑的面团。

4 取适量面团，搓成长条状，切数个大小均等的剂子，搓成球状，裹上白芝麻，制成生坯。

5 热锅注油烧至六成热，放入生坯，炸至呈金黄色，捞出，沥干油分即可。

绿柠檬奶酪蛋糕

材料

    饼干碎 75 克

    无盐黄油 40 克

    奶油奶酪 300 克

    细砂糖 75 克

    全蛋 65 克

    柠檬汁 10 克

    柠檬皮丝适量

成品数量

    1 个

制作流程

1 将奶油奶酪放入大玻璃碗中，用软刮刀翻拌均匀。

2 倒入细砂糖、全蛋。

3 倒入柠檬汁、柠檬皮丝，用手动搅拌器搅拌均匀，即成全蛋奶酪糊。

4 将饼干碎倒入另一个大玻璃碗中，再倒入无盐黄油，用软刮刀翻拌均匀，即成饼干底。

5 操作台上铺一张锡箔纸，再放上一个圆形蛋糕模，将锡箔纸包裹住圆形蛋糕模。

6 倒入拌匀的饼干底，用软刮刀压平。

7 将拌匀的全蛋奶酪糊倒在饼干碎上，制成蛋糕坯，静置一会儿后放在平底盘上。

8 平底锅中放上不锈钢架，倒入适量清水，再将蛋糕坯放在不锈钢架上。

9 盖上锅盖，用中火蒸约20分钟，转小火继续蒸20分钟。

10 揭盖，取出蒸好的蛋糕，待温度稍稍放凉。

11 移入冰箱冷藏2个小时，剥开锡箔纸后再脱模。

12 最后放上柠檬丝作装饰即可。

◎ 美味笔记

也可以将蛋糕坯放入已预热至170℃的烤箱中层，烤40分钟以上，成品口感更蓬松。

蜂巢蛋糕

材料

细砂糖 75 克

无盐黄油 30 克

全蛋液 80 克

低筋面粉 50 克

泡打粉 5 克

炼奶 65 克

成品数量

4 个

制作流程

1 将锡箔纸包在圆形蛋糕模型上做底。

2 平底锅加热，倒入细砂糖，用中火将细砂糖熬成焦糖，倒入90毫升清水，沸腾后，继续煮一会儿，放入无盐黄油，边加热边拌至黄油熔化。

3 将全蛋液倒入大玻璃碗中，搅散，一边倒入熬好的焦糖，一边搅拌均匀。

4 将低筋面粉、泡打粉过筛至大玻璃碗中，搅拌至无干粉的状态，缓慢倒入炼奶，快速将材料搅拌均匀，静置一会儿，即成蜂巢蛋糕糊。

5 将包有锡箔纸的蛋糕模放入平底锅中，再往模具内倒入蜂巢蛋糕糊。

6 用中小火加热约30分钟至熟，取出待稍稍放凉后脱模，装盘即可。

◎ 美味笔记

为了使蛋糕糊不要消泡，需快速放入平底锅中烤制。

奶油坯麦芬

材料

麦芬:

低筋面粉 100 克

牛奶 20 毫升

细砂糖 35 克

全蛋 34 克

盐 1 克

无盐黄油 35 克

夹馅:

无盐黄油 80 克

糖粉 50 克

装饰:

薄荷叶少许

防潮糖粉少许

成品数量

1 个

制作流程

1 将无盐黄油、细砂糖倒入大玻璃碗中,用电动搅拌器搅拌均匀,倒入全蛋,继续搅拌均匀,倒入盐,搅拌均匀,倒入牛奶,搅拌均匀。

2 将低筋面粉过筛至大玻璃碗中,以软刮刀翻拌成无干粉的面糊,装入裱花袋中,用剪刀在尖端处剪一个小口。

3 平底锅铺上高温布,放上圆形模具,挤入适量面糊,盖上锅盖,用小火煎约20分钟,取出脱模,即成麦芬,用抹刀切成厚薄一致的三片麦芬。

4 将无盐黄油、糖粉倒入另一个干净的大玻璃碗中,用电动搅拌器搅打均匀,即成夹馅,装入裱花袋,用剪刀在尖端处剪一个小口。

5 取一片麦芬放在转盘上,以画圈的方式由内向外挤上一层夹馅,盖上第二片麦芬,同样挤上夹馅,盖上最后一片麦芬,再挤上一层夹馅,用抹刀尖端轻触夹馅并提起,再放上薄荷叶作装饰,筛上一层防潮糖粉即可。

酒渍莓干蛋糕

材料

无盐黄油 90 克

全蛋 120 克

细砂糖 45 克

低筋面粉 100 克

泡打粉 2 克

蔓越莓干 40 克

君度力娇酒 6 毫升

浓缩橙汁 30 克

成品数量

1 个

制作流程

1 将无盐黄油倒入大玻璃碗中，用软刮刀翻拌均匀，倒入细砂糖，继续搅拌均匀。

2 倒入全蛋，快速搅拌至混合均匀，倒入君度力娇酒、浓缩橙汁、蔓越莓干，拌至材料混合均匀。

3 将低筋面粉、泡打粉过筛至大玻璃碗中，搅拌成无干粉状态的面糊，装入裱花袋中。

4 取蛋糕模，挤入蛋糕糊至六分满，静置一会儿。

5 平底锅中放上不锈钢架，倒入适量清水，再将蛋糕模放在不锈钢架上。

6 盖上锅盖，用中小火蒸约20分钟，待时间到，取出蒸好的蛋糕脱模即可。

◎ 美味笔记

将面糊挤入模具中后，可以轻震几下，减少内部气泡。

铜锣烧

材料

低筋面粉 50 克

红豆沙 30 克

全蛋（2 个）110 克

糖粉 60 克

蜂蜜 10 克

牛奶 50 毫升

橄榄油 10 毫升

君度力娇酒 5 毫升

泡打粉 1 克

成品数量

3 个

制作流程

1 将全蛋倒入大玻璃碗中，用手动搅拌器搅打均匀。

2 倒入蜂蜜、牛奶、橄榄油、君度力娇酒，继续用手动搅拌器搅打均匀。

3 将糖粉、低筋面粉、泡打粉过筛至大玻璃碗里，用手动搅拌器搅打均匀，制成面糊。

4 取电磁炉，放上平底锅，用厨房纸蘸上少许橄榄油后刷在锅上。

5 开中火加热，用勺子舀取适量面糊倒入锅中，煎至成形。

6 翻一面，继续煎一会儿，至两面均呈金黄色，制成面饼。按照相同方法煎完剩余的面糊。

7 用抹刀将适量红豆沙抹在煎好的面饼上，再盖上一块面饼，制成铜锣烧。按照相同方法做完剩余的铜锣烧即可。

草莓大福

材料

糯米粉 150 克

蜜红豆 240 克

生粉 35 克

熟糯米粉 50 克

糖粉 50 克

蜂蜜 40 克

无盐黄油 20 克

草莓 5 个

成品数量

5 个

制作流程

1 将糯米粉、糖粉、生粉倒入大玻璃碗中，用手动搅拌器搅匀。

2 倒入140毫升清水，搅拌均匀成糊状。

3 将无盐黄油装入小钢锅中，再隔热水搅拌至熔化。

4 将熔化的无盐黄油倒入装有米粉糊的大玻璃碗中，快速搅拌均匀。

5 取一个圆盘铺上保鲜膜，再倒入大玻璃碗中的材料。

6 蒸锅注水烧开，放上圆盘，蒸约15分钟。

7 将蜜红豆装入保鲜袋中，用擀面杖擀成泥。

8 将蜜红豆泥包裹住草莓蒂以下的部分，待用。

9 取出蒸好的面团，倒入干净的大玻璃碗中。

10 碗中再倒入蜂蜜，用橡皮刮刀翻拌均匀。

11 取适量面团包裹住草莓蒂以下的部分，揉搓至表面光滑。

12 蘸裹上一层熟糯米粉，竖着将草莓对半切开，装入盘中即可。

◎ 美味笔记

使用澄粉制作可让面皮颜色更通透，如粤式早茶中的点心面皮，制作中使用澄粉，让面皮呈现透明质感。

糯米糍

材料

杧果 2 个

牛奶 100 毫升

椰浆 100 毫升

糯米粉 120 克

椰蓉适量

糖粉 35 克

玉米淀粉 30 克

无盐黄油 15 克

成品数量

9 个

制作流程

1 无盐黄油隔水加热至熔化；杧果切成大丁。

2 将牛奶、椰浆、糯米粉、糖粉、玉米淀粉倒入碗里，用手动搅拌器搅拌均匀至无颗粒状态。

3 把熔化成液体的无盐黄油倒进拌匀的粉糊里，拌至看不到油。

4 把粉糊倒入干净的瓷碗中，大火蒸10~15分钟至熟透。

5 蒸好的糯米团刮出来放入干净的碗里，盖上保鲜膜冷却。

6 糯米团揪成一小块，揉圆压扁，包入一块杧果丁，捏紧搓圆，裹上椰蓉即可。

◎ 美味笔记

最好把糯米团捏成中间厚、两边薄的饼状。

绿豆糕

材料

去皮绿豆 180 克

糖粉 50 克

食用油少许

成品数量

5 个

◎ 美味笔记

炒绿豆泥时容易煳锅，可以使用不粘锅。

制作流程

1 将去皮绿豆装入蒸盘。

2 锅中注入适量清水，放上蒸架，放入蒸盘，大火将水烧沸后，转中小火蒸约30分钟。

3 取出蒸好的绿豆，稍稍放凉，倒入大玻璃碗中，用软刮刀翻拌成绿豆泥。

4 平底锅置于火上，淋入食用油，倒入绿豆泥，边加热边用软刮刀翻拌均匀，改为小火，将绿豆泥炒干。

5 关火，待绿豆泥稍稍放凉，转入大玻璃碗中，再倒入糖粉，拌匀。

6 取适量绿豆泥放入压模中压成形，即成绿豆糕。

鲷鱼烧

材料

鸡蛋 120 克

细砂糖 48 克

蜂蜜 24 克

牛奶 60 毫升

低筋面粉 120 克

泡打粉 2.4 克

植物油 18 毫升

豆沙馅 108 克

黄油适量

成品数量

6 个

制作流程

1 低筋面粉和泡打粉混合过筛。

2 鸡蛋加入细砂糖及蜂蜜，用手动搅拌器搅拌均匀，加入一半混合好的低筋面粉，用手动搅拌器拌匀，加入一半牛奶搅拌均匀。

3 加入剩下的混合好的低筋面粉，搅拌均匀后再加入剩余的牛奶搅匀，加入植物油，用搅拌器搅匀，装入量杯中方便倒取面糊。

4 模具先预热，刷一层熔化的黄油防止粘连，倒入少许面糊，盖住模具底部即可。

5 放入豆沙馅，倒入少许面糊盖住馅心，角落的地方也要完整地淋到。

6 盖上模具调至小火，加热约1分钟翻面，再加热2分钟，再翻面烤30秒，试着打开模具，判断是否需要继续烘烤，如果已经烤好，取出冷却即可。

◎ 美味笔记

面糊的稀稠程度可以通过增减牛奶来调整。

章鱼小丸子

材料

章鱼烧粉 100 克

食用油适量

全蛋 1 个

鱿鱼 1 条

包菜半个

洋葱 1 个

青海苔粉适量

木鱼花适量

沙拉酱适量

章鱼烧汁适量

成品数量

15 个

制作流程

1 将鱿鱼、包菜、洋葱切成粒，将章鱼烧粉、全蛋、300毫升清水用手动搅拌器在碗中搅成面糊，再倒入量杯中备用。

2 在章鱼小丸子烤盘上刷一层食用油预热，倒入面糊至七分满。

3 依次加入鱿鱼粒、包菜粒、洋葱粒，继续倒入面糊至将烤盘填满。

4 待底部的面糊成形后，用钢针沿孔周围切断面糊，翻转丸子，将切断的面糊塞至孔中。

5 烤至成形后，继续翻动小丸子，直到外皮呈金黄色。

6 将烤好的小丸子装盘，撒上木鱼花、青海苔粉，浇上章鱼烧汁、沙拉酱即可。

华夫饼

材料

鸡蛋 1 个

细砂糖 20 克

牛奶 100 毫升

蜂蜜 10 克

无盐黄油 30 克

低筋面粉 100 克

泡打粉 3 克

樱桃适量

蓝莓适量

成品数量

1 个

制作流程

1 将低筋面粉和泡打粉混合过筛；无盐黄油隔水熔化。

2 鸡蛋加细砂糖打散，加入牛奶，用手动搅拌器混合均匀，倒入过筛的面粉拌匀。

3 将蜂蜜、熔化的无盐黄油加入面糊中，用手动搅拌器混合均匀，静置至少30分钟，待用。

4 华夫饼机预热后，薄薄地刷一层熔化的无盐黄油，调到烤制模式。

5 将面糊倒入量杯里，倒入华夫饼机里，倒满。

6 盖上盖，翻转，待熟。

7 熟后取出华夫饼放在晾网上，略冷却后再装盘，放上适量樱桃、蓝莓作装饰即可。

◎ **美味笔记**

将刚烤好的华夫饼直接装盘会因过热而产生水汽，影响食用口感。